スイーツマニア・プロ必見の102店

トーキョー・パティスリー・ガイド

※本書は、(株)柴田書店刊行のMOOK「café-sweets」
の記事をもとに構成したものです。
※掲載商品は「café-sweets」の取材時に提供していた
ものので、つねに販売しているとは限りません。
店の特徴を知るうえでの参考になるように紹介しています。
※店舗の所在地、電話番号、営業時間、定休日などの
データは、2017年4月時点のものです。

はじめに

　人々をわくわくさせる、色とりどりのスイーツが並ぶパティスリー。近年、多くの職人が独立開業を果たし、そんなスイーツファンを魅了する店が続々と誕生しています。本場フランスの空気感を再現した店、日本的な洋菓子も豊富な店、3世代を取り込む地域密着の店、また、ハレの日に向く商品を充実させたり、日常的な"おやつ菓子"をアピールしたりと、各店が"選ばれる店"になるために、品ぞろえや空間で自店のスタイルを明確に打ち出しています。

　本書では、新規出店が相次いでいる東京を中心に、埼玉、神奈川、千葉、さらには関西エリアの話題のパティスリーを掲載。オーナーシェフの感性が色濃く反映された日本生まれの個人店をメインとしながら、息の長い繁盛店から注目の新店まで102店をピックアップしています。

　各店の頁では、品ぞろえや空間演出の見どころに加え、菓子づくりのバックボーンともいえる職人の経歴なども紹介。"店と菓子づくりの方向性や考え方"に軸足を置いている点が本書の特徴です。スイーツファンの方々に店選びの参考にしていただくのはもちろん、パティスリーのオーナーや独立開業をめざす職人といったプロのみなさまも繁盛店づくりのためのリサーチなどに役立ててください。

Tokyo Patisserie Guide
INDEX

3 はじめに

東 京

8 パティスリー アヴランシュ・ゲネー

10 アステリスク

12 アテスウェイ

14 アルカション

16 アン グラン

18 アンダーズ 東京／ペストリー ショップ

20 イデミ スギノ

22 ホテル インターコンチネンタル 東京ベイ／ザ・ショップN.Y. ラウンジ ブティック

24 パティスリー ヴォワザン

26 パティスリー エクラデジュール

28 パティスリー エーグルドゥース

30 オクシタニアル

32 オクトーブル

34 オーボン ヴュータン

36 パティスリー カカオエット・パリ

38 クリオロ

40 パティスリー ジュンウジタ

42 成城アルプス

44 タダシ ヤナギ

46 パティスリー&カフェ デリーモ 赤坂店

48 トシ・ヨロイヅカ東京

50 パティスリー トレカルム

52 パティスリー・ノリエット

54 ハイアット リージェンシー 東京／ペストリーショップ

56 パティスリー パクタージュ

58 パリセヴェイユ

60 パティスリー ビガロー

62 パティスリー・ドゥ・シェフ・フジウ

64 ブロンディール

66	マテリエル	151	アディクト オ シュクル
68	メゾン・ド・プティ・フール	152	ラ・パティスリー イル・プルー・シュル・ラ・セーヌ
70	モンサンクレール	153	パティスリー・サダハル・アオキ・パリ
72	パティスリー ユウ ササゲ	154	シュークリー 神田店
74	パティスリー ヨシノリアサミ	155	パティシエ ジュン ホンマ
76	ラ・ヴィエイユ・フランス	156	パッション ドゥ ローズ
78	ラ カンドゥール	157	パティシエ ヒロ・ヤマモト
80	ラトリエ モトゾー	158	フラウラ
82	パティスリー ラブリコチエ	159	パティスリー ブリーズ
84	パティスリー ラ・ローズ・ジャポネ	160	パティスリー メゾンドゥース
86	リベルターブル	161	パティスリー ラヴィアンレーヴ
88	リョウラ	162	パティスリー リョーコ
90	パティスリー ル・ポミエ	163	ル ガリュウ M
92	ルラシオン		
94	パティスリー レザネフォール		
96	ロートンヌ 中野店		

Tokyo Patisserie Guide

関　東　神奈川・埼玉・千葉

- *98* パティスリー アプラノス
- *100* アングランパ
- *102* パティスリー エチエンヌ
- *104* オークウッド
- *106* パティスリー カルヴァ
- *108* パティスリー ショコラトリー シャンドワゾー
- *110* バボン パティスリー
- *112* パティスリー ポンデラルマ
- *114* スイーツガーデン ユウジアジキ
- *116* リリエンベルグ
- *118* レタンプリュス
- *164* パティスリー アカシエ
- *165* パティスリー アン・プチ・パケ
- *166* オ・プティ・マタン
- *167* シンフラ
- *168* ピュイサンス
- *169* ベルグの4月
- *170* メゾン ボン グゥ

編集協力　笹木理恵、名取千恵美、松野玲子、松本由紀子
撮影　　　天方晴子、伊藤高明、上中正寿、浮田輝雄、加藤貴史、
　　　　　合田昌弘、谷口憲児、長瀬ゆかり、安河内聡
デザイン　弾デザイン事務所

関西　大阪・京都・兵庫

- 120　パティスリー アクイユ
- 122　アシッドラシーヌ
- 124　パティスリー ア・テール
- 126　パティスリー エス
- 128　パティシエ エス コヤマ
- 130　エトネ
- 132　エム-ブティック／
大阪マリオット都ホテル
- 134　サロン・ド・テ
オ・グルニエ・ドール
- 136　グラン・ヴァニーユ
- 138　ショコラトリ・パティスリ
ソリリテ
- 140　なかたに亭
- 142　パティスリー モンプリュ
- 144　パティスリー ラクロワ
- 146　パティスリー・リエルグ
- 148　パティスリー ルシェルシェ
- 171　アグレアーブル
- 172　アッサンブラージュ
カキモト
- 173　パティスリー
グラン フルーヴ
- 174　パティスリー クロシェ
- 175　セイイチロウ・ニシゾノ
- 176　ドゥブルベ・ボレロ
守山本店
- 177　ママのえらんだ
元町ケーキ
- 178　パティスリー ラヴィルリエ
- 179　ラヴニュー
- 180　パティスリー
ラトリエ ドゥ マッサ
- 181　レ・グーテ

- 182　駅名順インデックス

①　②
③　④

PÂTISSERIE
AVRANCHES GUESNAY

パティスリー アヴランシュ・ゲネー
（東京・春日）

オーナーシェフ　上霜考二さん

①フォレノワール カシス フレーズ　②セリーヌ
③サヴァラン パスティス　④マカロン サモトラケ

フランスの伝統菓子を基本に
シックな大人の菓子を提案

　鮮やかな赤色の外観が目をひく「パティスリー アヴランシュ・ゲネー」は、2015年9月オープン。オーナーシェフの上霜考二さんは、辻調グループ・フランス校卒業後、フランス・ノルマンディーで修業。帰国後、「インターコンチネンタル東京ベイ」、「オテル・ド・ミクニ」などを経て、「パティスリー・ジャン・ミエ・ジャポン」、「アグネスホテル東京」のパティスリー「ル・コワンヴェール」にてシェフパティシエを務めた人物だ。フランスの伝統菓子を尊重し、そこにほんの少しのアレンジを加えたオリジナリティのある菓子づくりを得意としている。

　常時16品ほどが並ぶプチガトーのうち、約半数が新作を含む季節商品。季節ごとに異なるバリエーションを展開するサヴァランや、フォレ・ノワールなどのクラシックなアイテムを基本に、シックな印象の菓子に仕立てている。濃厚で食べごたえのある味わいが印象的だ。

　また、前店時代からの人気商品である「ガトー ゴルゴンゾーラ」やコロンビエ、焼き込んだタルトなどをそろえる四角いクリアケースに入ったホールサイズのケーキや、種類豊富なパウンドケーキなどの焼き菓子にも定評がある上霜さん。大人の贈り物に好適だ。

東京都文京区本郷4-17-6 1F
☎03-6883-6619
営10時〜19時
休月曜、不定休

都営三田線春日駅から徒歩3分

① ②
③ ④

ASTERISQUE

アステリスク
(東京・代々木上原)

オーナーシェフ 和泉光一さん

①アーム ②ミラージュ
③キャラメル ノワ ④ルビオ

旬を見極めた素材を使い、色やデザインで"魅せる"

 和泉光一さんが「アステリスク」を開業したのは2012年。オリジナリティあふれる菓子は開業当時から多くのファンの心をつかんでいる。プチガトーは約35品で、月に1〜2品は新作が登場。さらに定番商品も旬の素材を使ってマイナーチェンジするなど、約2ヵ月ごとに品ぞろえは大きく変わる。

「ショーケースを見てワクワクするかを基準に、足りない色や面白いと思うデザインを原点に発想を広げ、菓子に落とし込んでいくことが多いです」と和泉さん。また、生産者と良好な関係を築き、いちはやく上質な素材、珍しいフルーツなどを手に入れられるのも強みだ。

 05年のワールドチョコレートマスターズで3位に輝くなど、チョコレートも和泉さんの得意なジャンル。つねに数種類のチョコレートケーキを用意しているが、3種類のチョコレートを合わせた「キャラメルノワ」、ラム、バニラ、プラリネをミルクチョコレートで引き立てた「ルビオ」など、アプローチの仕方はさまざまだ。

 細身のケイクやマカロンなどもショーケースに彩りを添えるが、その一方で、焼き菓子コーナーで目をひくのは「焼きドーナツ」。チョコレートやキャラメルなど7種類のフレーバーをそろえている。

東京都渋谷区上原1-26-16
タマテクノビル1F
☎ 03-6416-8080
🕙 10時〜20時
　（カフェは〜18時30分L.O.）
㊡ 月曜

小田急線・東京メトロ千代田線代々木上原駅から徒歩2分

à tes souhaits!

アテスウェイ
（東京・吉祥寺）

オーナーシェフ　川村英樹さん

①パリブレスト　②タルト コンポテ エキゾチック　③ココマングー

高いレベルで進化し続ける東京を代表する実力店

　吉祥寺駅から徒歩15分ほどの住宅街にありながら行列が絶えない、都内を代表する人気パティスリー。オーナーシェフは、国内外の数々のコンクールで高い評価を獲得している川村英樹さんで、2001年に「アテスウェイ」のシェフに就任し、07年にオーナーとなった。

　14年にリニューアルした店内は、大理石を中心に白と銀色で統一したシンプルでモダンな空間。大きなL字型のショーケースに常時35～40品のプチガトーがずらりと並び、足を運んだお客にまるで菓子に包み込まれているかのような感覚を与える。

　店づくりと同様、シンプルでモダンな仕立てが川村さんの菓子の特徴。メリハリとバランスを意識しながら、ほかにはないオリジナルの味とスタイルを心がけている。川村さん自身、現在もコンクールに意欲的に参加し、最先端の技術も貪欲に吸収。同時に、プチガトーの新作も常時10品前後をそろえ、さらに定番商品のブラッシュアップも欠かさない。17年春には、チョコレートとアイスクリーム、焼き菓子をメインに扱う2号店を隣に出店。お客の満足度の向上をめざして進化し続ける姿勢も、地域を超えて多くのお客に長く愛される理由だ。

東京都武蔵野市吉祥寺東町
3-8-8 カサ吉祥寺2
☎ 0422-29-0888
営 11時～19時
休 月曜（祝日の場合は営業、翌火曜休）

JR中央線西荻窪駅から徒歩10分

ARCACHON

アルカション
(東京・保谷)

オーナーシェフ 森本 慎さん

①コルディ アリテ ②ヴィオレ
③ローズピンク ④エクレール カフェモカ

伝統菓子は伝統を守ってていねいに。
オリジナルは素材から発想

　伝統的な焼き菓子やチョコレート菓子、ヴィエノワズリーなどがずらりと並ぶ「アルカション」の店内は、フランスのパティスリーさながら。オーナーシェフは、ローヌ・アルプ地方やボルドーで修業した森本慎さんで、約30品をそろえる生菓子も半数は、オペラ、ミルフィーユ、ババなどフランスらしいアイテムで占めている。

　「クラシックなフランス菓子はすでに完成されているものなので、伝統的な構成を守り、ていねいにつくる。一方、オリジナルの菓子は素材や製法、配合をちょこちょこ微調整しながら、完成度を上げていく」のが森本さんのスタイルだ。これまではオリジナルの生菓子もフランス菓子の伝統に則ったシンプルなデザインに仕上げることが多かったそうだが、ここ最近はカラフルな色彩を取り入れるようになったという。その一つが2016年春夏に登場した「ローズピンク」だ。定番のエクレールもクラシックなフォンダンがけから、ヒョウ柄の板チョコをのせたスタイルにリニューアル。「パッと見て印象に残るデザイン」に惹かれるようになったのだという。

　16年1月には練馬駅近くに支店もオープン。「これまで以上に手間をかけた菓子をつくりたい」と森本さんは話す。

東京都練馬区南大泉 5-34-4
☎ 03-5935-6180
⑤10 時 30 分〜20 時
㉁月曜（祝日の場合は営業、翌火曜休）
西武池袋線保谷駅から徒歩 3 分

① ②

UN GRAIN

アン グラン

(東京・南青山)

シェフパティシエ 金井史章さん

①トゥ タン ショコラ ②ペティヨン

ひとつまみサイズにおいしさを凝縮。
華麗なミニャルディーズの世界

2015年にオープンした「アングラン」は、4.8cm角のトレーに収まる小さなケーキを提供する「ミニャルディーズ」の専門店。

シェフパティシエを務める金井史章さんは、「2、3口で食べ終わるサイズのケーキは、通常サイズのケーキと同じ考え方が通用しないので、主役にしたい味や食感を印象的に表現しながら、バランスのよいケーキに仕上げるのは難しくもあり、面白いところでもあります」と話す。

名前のとおり、チョコレートのパーツのみで構成されている同店のスペシャリテの一つが「トゥタン ショコラ」。モワルー・ショコラにアルマニャックをきかせたガナッシュを重ね、生クリームの割合を増やしたガナッシュ・リキッドでおおった、チョコレートそのものを食べているようなケーキだ。アールグレイのクレーム・ブリュレを希少な国産ベルガモットのムースにとじ込めた「ペティヨン」もユニークな1品。秋冬はチョコレート、ナッツ、スパイスを組み合わせた商品が多くなり、春夏になるとフルーツを使ったさわやかな味わいの商品がショーケースを彩る。専用の6個、12個入りのスタイリッシュなケースに詰められたミニャルディーズはギフトとしても大好評だ。

東京都港区南青山 6-8-17
プルミエビル 1F
☎ 03-5778-6161
㊂ 11 時〜19 時
㊡ 不定休（4月〜11月は水曜定休、GWは無休）
東京メトロ表参道駅から徒歩 15 分

ANDAZ TOKYO
PASTRY SHOP

アンダーズ 東京／ペストリー ショップ
（東京・虎ノ門）

ペストリーシェフ　田中麗人さん

①季節のショートケーキ　②レモンエクレア
③ヘーゼルナッツショコラ　④スイートジャー（ピスタチオルージュ）

旬のフルーツと和素材に
個性が光るホテルスイーツ

　再開発が進む虎ノ門エリアのランドマークとして、2014年6月に開業した虎ノ門ヒルズ内に位置するホテル「アンダーズ 東京」。1階のペストリーショップは、通りに面した大きな窓と高い天井が開放感を演出。大理石のショーケースに並んだ色鮮やかなスイーツと自然の光が調和し、心踊る空間となっている。店内にはカフェスペースも併設し、朝8時から営業する使い勝手のよさも界隈のオフィスワーカーに喜ばれている。

　常時20品ほどをそろえる生菓子のうち、看板商品は大中小の3サイズで展開するエクレア。キャラメルやピスタチオなど常時6品をそろえ、カラフルな彩りで手土産としても人気だ。また、グラスジャーに入れた「スイートジャー」は、ティラミスやモンブランといった定番に加え、「ピスタチオ ルージュ」、「黒蜜＆抹茶」など、季節ごとに新フレーバーを発売。旬のフルーツを積極的に使うほか、ホテルのコンセプトと共通して和のテイストを取り入れているのも特徴で、抹茶やユズ、黒豆など和の素材使いにも個性が光る。

　また、11種類のフレーバーのチョレートが1枚ずつ入った「チョコレート ライブラリー」など、遊び心のあるユニークなギフト商品も注目を集めている。

東京都港区虎ノ門1-23-4
アンダーズ 東京1F
☎ 03-6830-7765
㊙8時〜20時
　土・日曜、祝日10時〜20時
㊡無休
東京メトロ銀座線虎ノ門駅から徒歩5分

Hidemi sugino

イデミ スギノ
(東京・京橋)

オーナーシェフ 杉野英実さん

①アンブロワジー　②フランボワジェ

「今の一瞬」を表現した
できたてのケーキへのこだわり

　「ペルティエ」などヨーロッパの名店で修業した杉野英実さんは、1992年に神戸で「パティシェ イデミ スギノ」をオープン。惜しまれながら閉店し、活躍の場を東京に移したのが2002年。その間、日本チームの一員として、クープ・デュ・モンドの1991年大会で見事、優勝を飾っている。そんな杉野さんのケーキは、自身の著書のタイトルでもある「素材より素材らしく」と表現される。素材のもち味を生かし、季節感を表現した菓子は、素材を見極める目と、味を生かす技術があってこそ、というのが持論だ。

　同店のプチガトーは常時20品ほど。そのうち5～6品は、テイクアウトのできないサロン限定の商品だ。スペシャリテである「アンブロワジー」は、濃厚ながら軽やかなムース・オ・ショコラ、ピスタチオのビスキュイとムース、果実味たっぷりのフランボワーズのコンフィチュールをつややかなグラサージュ・オ・ショコラでおおい、天使の翼をイメージしたチョコレートがあしらわれている。「時代にそぐわないかもしれないが、今の一瞬が大切。だから、店内限定や1時間以上の持ち帰りができないケーキもあるのです」。それらのケーキを楽しみに、開店前から並ぶお客も少なくない。

東京都中央区京橋3-6-17
京橋大栄ビル1F
☎ 03-3538-6780
営 11時～19時
（サロンは～18時30分L.O.）
休 日曜、月曜
東京メトロ銀座線京橋駅から徒歩2分

INTERCONTINENTAL TOKYO BAY THE SHOP N.Y. LOUNGE BOUTIQUE

ホテル インターコンチネンタル 東京ベイ／
ザ・ショップ N.Y.ラウンジ ブティック

（東京・竹芝）

エグゼクティブ シェフ パティシエ　德永純司さん

①キャラメルショコラオランジュ　②モンブラン　③柚子　④ルージュ

素材感を意識しながら、全体の調和を図ったバランスのよい味

　羽田空港からもアクセス良好な東京ベイエリアに立地する「ホテル インターコンチネンタル 東京ベイ」。1階のペストリーショップの商品開発を担うのは、「ザ・リッツカールトン東京」でペストリーシェフ ショコラティエを務め、クープ・デュ・モンド・ドゥ・ラ・パティスリーの2015年世界大会で総合2位に輝くなど、コンクールでも輝かしい功績を残す徳永純司さん。16年4月にエグゼクティブ シェフ パティシエに就任すると同時に商品構成を一新し、生菓子はほぼすべてが徳永さんの開発した商品となった。

　プチガトーは、常時12品前後を用意。シュークリームやプリンなどの定番アイテムは4～5品で、そのほかは季節ごとに入れ替わる。奇をてらわず、シンプルな素材の組合せでバランスのとれた味わいに仕上げるのが、徳永さんの菓子づくりのモットー。なかでもチョコレート菓子は徳永さんの得意とするアイテムだ。

　また、ユズは徳永さんが数々のコンクールで使った思い入れのある素材で、プチガトーの「柚子」では、ムース、クリーム、コンフィチュールにユズを使い、味と食感に深みを出している。素材感がありながらも後味は軽く、万人に好まれる食べやすさも魅力だ。

東京都港区海岸1-16-2
ホテル インターコンチネンタル 東京ベイ1F
☎ 03-5404-7895
営 11時～20時
休 無休

新交通ゆりかもめ竹芝駅から駅直結

① ②
③ ④

PÂTISSERIE VOISIN

パティスリー ヴォワザン

（東京・浜田山）

オーナーシェフ 廣瀬達哉さん

①タルト オランジュ キャラメリゼ ②フレジエ ピスターシュ ア ラ バニーユ
③エコス ④サヴァラン カフェ オランジュ

移転を機にアイテムを充実。
本場感を増したフランス菓子店

　東京・浜田山の駅前商店街の一角で、アンティークな外観が目をひく「パティスリー ヴォワザン」。オーナーシェフの廣瀬達哉さんは、「マルメゾン」での修業を経て渡仏。帰国後、「ジャン・ポール・エヴァン」、「ジョエル・ロブション」で経験を積み、2009年、東京・荻窪に「パティスリー ヴォワザン」をオープン。16年4月、現在地へ移転し、より本場感あふれるパティスリーに生まれ変わった。

　伝統的なフランス菓子店をコンセプトに掲げる点は変わらないが、移転を機に売り場に新たに加わったのが、チョコレート用のショーケース。ボンボン・ショコラなどチョコレート菓子を強化するほか、プチガトーにおいても新作を意欲的に導入。20品ほどをそろえるうち、約半数が移転後に発売した新作となっている。

　注目すべきは、廣瀬さんが好んで用いるオレンジとコーヒーの組合せを応用したサヴァランや、タルト・シトロンから発想を広げたオレンジのタルトなど、クラシックなフランス菓子をベースとしながら旬の素材や目新しい味の組合せを取り入れて、個性をプラスしたプチガトー。パート・フィロを土台にしたモンブランも廣瀬さんらしいアイテムだろう。定番商品も日々磨きをかけているそうだ。

東京都杉並区浜田山3-34-27
☎ 03-3303-3210
営 11時〜20時
休 不定休

京王井の頭線浜田山駅から徒歩1分

Pâtisserie
Éclat des Jours

パティスリー エクラデジュール
（東京・東陽町）

オーナーシェフ　中山洋平さん

①フラブリコ　②タイチ　③プランタン　④エル

みずみずしさを表現した 華やかなフランス菓子

　住宅とオフィスが混在する東京・東陽町に、2014年9月に開業。オーナーシェフの中山洋平さんは、「ホテル日航東京」などを経て、08年に渡仏。「パトリック・シュバロ」や「アルノー・デルモンテル」で経験を積み、帰国後、「銀座菓楽」、「ルエールサンク」でシェフを務めたのち、地元の江東区で独立開業を果たした。店名の「エクラデジュール」とは、フランス語で「きらめく日々」を意味する造語。常時30品をそろえる華やかな生菓子が、白と木目が基調のシンプルな店内を鮮やかに彩る。

　生菓子は、ヴェリーヌ仕立てのショートケーキやマカロン生地のケーキなど現代風にアレンジしたフランス菓子を開発する一方、プリンや三角形のショートケーキといった日本的な洋菓子も充実。味づくりにおいても、濃厚でしっかりとしたフランス菓子の骨格を残しつつ、ジューシーさやみずみずしさを意識し、日本人に食べやすい味に仕立てている。スペシャリテの「タルトレット ミルティーユ」は、フランス・サヴォワ地方の伝統菓子をアレンジしたブルーベリーのタルト。まるで果実を食べているかのようなフレッシュ感がもち味だ。ヴィエノワズリーやマカロン、チョコレート菓子などのアイテムにもシェフのこだわりが光る。

東京都江東区東陽 4-8-21 1F
☎ 03-6666-6151
営10時〜20時
休水曜

東京メトロ東西線東陽町駅から徒歩2分

Pâtisserie
Aigre-Douce

パティスリー エーグルドゥース
（東京・目白）

オーナーシェフ　寺井則彦さん

①ミロワール カシス　②シャルロット
③フォレノワール・ア・ラ・ピスターシュ　④カスレット

伝統菓子をベースに展開。
スタイルのある菓子がファンを魅了

　「オテル・ドゥ・ミクニ」やフランスの名店で修業した寺井則彦さんが2004年に独立開業。14年には増築し、8席のカフェも併設された。店の外観、内装はテーマカラーのシックな紫系で統一されている。ショーケースに並ぶのは、約30品の生菓子と、スペシャリテである約20品の細身のケイク。焼き菓子は約50品を用意し、なかにはマカロンをロリポップのように仕立てた「フルール」のように遊び心のある商品もある。

　「季節や自分の食べたい味から新作が生まれることもあるが、クラシックなフランス菓子になることが多い」という寺井さんの生菓子は、伝統菓子をベースに風味だけでなく、構成にも工夫が凝らされている。たとえば「フォレノワール・ア・ラ・ピスターシュ」は、チョコレートとグリオットチェリーの組合せはそのままに、ピスタチオ風味のムースをプラス。グリオットチェリーのジュレのみずみずしさも魅力だ。

　「カスレット」はシュー生地の器にラム酒風味のカスタードクリームとキャラメルソテーしたバナナを詰めた1品で、「シャルロット」はバニラのババロワーズとイチゴのジュリフィエなどの組合せ。「エーグルドゥースのフランス菓子」がここにある。

東京都新宿区下落合3-22-13
☎ 03-5988-0330
㋠10〜19時
　（カフェは〜13時〜19時）
㋡火曜（祝日の場合は変更あり）

JR山手線目白駅から徒歩8分

Occitanial

オクシタニアル
（東京・水天宮前）

シェフ　**中山和大**さん

①マリエ　②タルト・フリュイ

フランスM.O.F.の菓子職人と実力日本人シェフの感性が融合

　クラブハリエが手がけるフランス菓子専門店として、2014年1月オープン。水天宮駅から徒歩1分の大通り沿いに立地し、南仏・プロヴァンス地方をイメージした明るい色調の空間が印象的だ。

　M.O.F.(フランス国家最高職人)の称号をもつステファン・トレアン氏監修のもと商品開発を行うのは、シェフの中山和大さん。東京都内の有名店やホテルで経験を積み、クープ・デュ・モンド・ドゥ・ラ・パティスリーにも2回出場。15年大会では日本チームを準優勝に導いた実力派だ。

　ムース系を中心とする色鮮やかなプチガトーは、常時20品。味づくりにおいて中山さんが重視しているのは、全体のバランス。さまざまな味や食感が口の中で一体となって楽しめるように仕上げている。「マリエ」は、イチゴのショートケーキから発想。ヨーグルトをプラスしたホワイトチョコレートのムースにイチゴ風味のクレーム・ショコラ、イチゴのジュレをしのばせた創作性あふれる1品だ。

　観光客も多い土地柄、ギフト需要も高く、愛らしい卵型のオリジナル菓子「オクシタニアル コッコ」のほか、マカロンやパウンドケーキ、生キャラメルなどギフト菓子も充実。カフェスペースも14席用意している。

東京都中央区日本橋蛎殻町1-39-7
☎ 03-5645-3334
🕙 10時〜19時（18時30分 L.O.）
㊡ 不定休

東京メトロ半蔵門線水天宮前駅から徒歩1分

OCTOBRE

オクトーブル
(東京・三軒茶屋)

オーナーシェフ 神田智興さん

①タルトキャラメル ②ナッツとオレンジ
③ミュウミュウ ④グランパレ

日常的なアイテムも充実させ、住宅街で愛される地域密着店に

世田谷の閑静な住宅街で人気を誇る「オクトーブル」。オーナーシェフの神田智興さんは、「ルコント」、「ノリエット」、「マルメゾン」などを経て渡仏。「ジェラール・ミュロ」、「ピエール・エルメ」といった名店で修業し、帰国後はリンツ＆シュプルングリージャパンのシェフパティシエに就任。2013年4月、生まれ育った土地で独立開業を果した。

地元のお客にも気軽に利用してもらえる店にしたいという思いから、特別な日を彩るような生菓子だけでなく、日常的に楽しめるパンや焼き菓子にも注力。チョコレート菓子やキャラメルなどもそろう豊富な商品構成が特徴だ。

約20品をそろえるプチガトーは、洋酒をきかせた濃厚な味の商品などフランス菓子をメインとしつつ、ショートケーキなど親しみやすい商品も用意。プリンは注文ごとにカラメルソースを流し、濃厚なソースの味を強調。シュークリームは生地にアーモンドとグラニュー糖をふってザクッとした存在感のある食感を出すなど、シンプルな菓子にも工夫を凝らし、個性を打ち出している。また、リンツでの経験を生かし、チョコレートを使ったアイテムも豊富に用意。プチガトーも、約3分の1がチョコレートを使ったものだ。

東京都世田谷区太子堂 3-23-9
☎ 03-3421-7979
㊂10 時〜19 時
㊡火曜

東急田園都市線・世田谷線三軒茶屋駅から徒歩 10 分

① ②
③ ④

AU BONVIEUX TEMPS

オーボンヴュータン
（東京・尾山台）

オーナーシェフ　河田勝彦さん

①オーボン ヴュータン　②アリババ
③デリス・オ・フランボワーズ　④モカドール

約250品ものフランスの美味。
今も進化する憧れのパティスリー

　多くの優秀なパティシエを輩出し、今もなおパティシエが憧れを抱く名店は、まもなく創業36年を迎える。2015年には移転し、同じ尾山台に生菓子から焼き菓子、コンフィズリー、氷菓、そうざいまで約250品もの商品が並ぶ売り場と、12～14時にはプレートランチも楽しめるカフェが併設された店に変身した。

　新店ではオーナーシェフの河田勝彦さんによるフランスの伝統を基盤に独自のエスプリをきかせた菓子に加え、長男・薫さんによる「遊びのある」新作もときどき登場する。また次男でシャルキュティエの力也さんも厨房に立つ。

　看板商品の一部を紹介すると、まず店名がつけられた「オーボンヴュータン」。洋ナシのリキュールをきかせたクレーム・パティシエールにビスキュイと洋ナシのコンポートを入れ、表面をキャラメリゼした1品だ。「デリス・オ・フランボワーズ」は、ふんわりとした生地にフランボワーズ風味のバタークリームをサンド。一方、ギフトで人気なのは、クッキー類を詰め合わせた「プティ・フール・セック」と、小さな半生菓子を詰め合わせた「プティ・フール・ドゥミ・セック」。そのほか、ガトー・ピレネー（予約販売のみ）など、郷土菓子も約40品をそろえる。

東京都世田谷区等々力2-1-3
☎ 03-3703-8428
営9時～18時
休火・水曜

東急大井町線尾山台駅から徒歩7分

Pâtisserie
Cacahouète Paris

パティスリー カカオエット・パリ

(東京・中目黒)

オーナーシェフ　**ジェローム・ケネル**さん

①ヴェリンヌ フレジエ ピスターシュ　②ヴェリンヌ マンゴープディング
③サマー ミルティーユ　④エクレア カフェドルセ

定番の「ヴェリンヌ」と独自の"日仏融合ケーキ"が魅力

「ラデュレ」、「ピエール・エルメ・パリ」、「プラザ・アテネ」などを経て、2006年に独立開業したジェローム・ケネルさん。フランス菓子の伝統を大事にしながらも、斬新なアイデアを提案してきた。「最高の素材を使い、モダンな表現で"魅せる"ことがモットー」と話す。同店のスペシャリテといえば、「ヴェリンヌ」だ。ショートケーキとティラミスをグラスの中で再構築した定番2品に加え、季節限定の1～2品を常時そろえる。ストローをさし、まずはグラスの底にあるフレッシュなフルーツのピュレを味わう、というユニークな趣向のものもある。

プチガトーは、シンプルな構成で素材本来の味を引き出すことに力点を置く。たとえば「エクレアカフェドルセ」は、コーヒーとヴァローナのブロンドチョコレート「ドゥルセ」の相性のよさから発想。チョコレートでコーティングしたエクレアの中にコーヒーのクレーム・ディプロマットを詰め、コーヒーとチョコレートのクリームを絞り、チョコレートを飾った。チョコレートとコーヒーを存分に楽しめる1品だ。

白あん、くず粉、寒天など和の食材に刺激を受けることも多いそうで、同店独自の"日仏融合ケーキ"に今後も注目が集まりそうだ。

東京都目黒区東山 1-9-6
☎ 03-5722-3920
営 10 時～ 20 時
休 木曜、第 3 水曜

東急東横線・東京メトロ日比谷線中目黒駅から徒歩 10 分

CRIOLLO

クリオロ
（東京・小竹向原）

オーナーシェフ　**アントワーヌ・サントス**さん

①マンゴープリン　②オレンジ・ショコラ
③タルト・キャラメル　④エクレール・フレーズ

豊かな食感がもたらす、シンプルでいて深い味わい

　ヨーロッパ各地でシェフパティシエを務め、来日後は京都「バイカル」やヴァローナ ジャポンで商品開発や技術指導を務めたフランス人パティシエ、サントス・アントワーヌさんのパティスリー。2000年に菓子学校としてスタートし、03年にパティスリー「エコール・クリオロ」を開業。16年5月、本店を移転し、店名を「クリオロ」に一新。ナチュラルな雰囲気の店内にはカフェも併設し、焼きたてのパンやランチも提供する。現在は、ほかに中目黒と神戸の計3店舗を展開する。

　フランスで培ったセンスに、自身も大好きだと話す日本の繊細な感性を融合させたオリジナルスイーツを展開しているサントスさん。重視しているのは、食感を工夫し、シンプルなおいしさを表現すること。時代に求められる味や食感を意識しながら、一つの菓子のなかにさまざまな食感を織り込んで奥行や広がりをもたせ、絶妙なハーモニーを生み出している。

　世界コンクールで優勝した「ガイア」や「ニルヴァナ」といった定番のプチガトーや、得意とするチョコレートを使ったギフトにも向く半生菓子「トレゾー」に加え、季節ごとに新作も発表。「ヨーヨーマカロン」など焼き菓子でもオリジナル商品をそろえる。

東京都板橋区向原3-9-2
☎03-3958-7058
営10時〜20時
休火曜（祝日の場合は営業）

東京メトロ有楽町線小竹向原駅から徒歩3分

① ②
③ ④

PÂTISSERIE
JUN UJITA

パティスリー ジュンウジタ
（東京・碑文谷）

オーナーシェフ　宇治田 潤さん

①ムース シトロン　②ピスターシュ フランボワーズ
③タルト オランジュサンギーヌ　④ムース ア ラ マント

基本素材にしっかりと向き合い
構築された、完成度の高い菓子

　東京・碑文谷の閑静な住宅街に2011年11月オープン。オーナーシェフの宇治田潤さんは、葉山「サンルイ島」、「浦和ロイヤルパインズホテル」などを経て渡仏し、「パティスリー・サダハル・アオキ・パリ」で修業。帰国後、鎌倉「パティスリー雪乃下」でシェフを務めたのち、独立開業を果たした。アンティークの家具を配した落ち着いた雰囲気の店内には、生菓子、焼き菓子、チョコレートなどが並ぶ。また、イートインスペースでは「丸山珈琲」のコーヒーや厳選した紅茶も楽しめる。

　プチガトーは、常時16品をラインアップ。スペシャリテの「タルトカフェ」など開業以来の定番をはじめ、フランス菓子をベースに宇治田さんらしいアレンジを加えたオリジナルの商品をそろえる。いずれも見た目の美しさを大事にしながらも余計な飾りは施さず、必然性のあるパーツで構成することで、主役の素材の存在感を明確に表現している。

　さらに、乳製品や卵、砂糖、小麦粉といった基本の素材の選び方や使い方による食感や風味の違いも意識しながら味づくりに取り組んでいる宇治田さん。定番のパーツもつねに見直しながら全体の調和を図ることで、完成度の高い味わいを生み出している。

東京都目黒区碑文谷 4-6-6
☎ 03-5724-3588
🕙 10 時 30 分〜19 時
㊡ 月曜（祝日の場合は営業、翌火曜休）

東急東横線都立大学駅から徒歩 18 分

SEIJO ALPES

成城アルプス
(東京・成城学園)

オーナーシェフ　**太田秀樹**さん

①ル・コイチャ　②タルトフレーズ
③サニエ　④ノーブル(手前)／バロンディア

父から受け継いだ味を守りつつ
現代的なフランス菓子も提供

　大理石の壁にブルーのテントが映える高級感あふれるたたずまいの「成城アルプス」は、1965年、閑静な高級住宅街として知られる成城の地で創業。現在は2代目の太田秀樹さんが、父・恵久さんから受け継いだ定番の洋菓子に加え、フランスの伝統菓子やモダンなオリジナル菓子まで、多彩な商品を提供している。

　先代のレシピを守ってつくるアイテムは、創業以来のロングセラーである「モカロール」をはじめ、ショートケーキやモンブランなど約2割。残り8割は、秀樹さんがフランスで学んだ技術も生かしながら、素材使いや構成、デザインなどに現代的な要素を取り入れた商品だ。冬はイチゴ、夏はブルーベリーやマンゴーなど、旬のフルーツを使うタルトは、フルーツによってクリームの糖度を変えるなど、シンプルな菓子にもていねいな仕事がうかがえる。

　店舗の2階は、シックな内装のサロンスペースで、ゆったりとくつろぎながらケーキやドリンクを楽しめる。また、同じ成城学園前駅にある姉妹店「プレリアル成城」では、子どもから年配層までが安心して食べられる洋菓子を提供。素材にこだわり、洋酒も極力使わない、食べやすさも重視したケーキや焼き菓子をそろえている。

東京都世田谷区成城6-8-1
☎ 03-3482-2807
🕘 9時～20時
　（19時30分 L.O.）
㊡ 火曜

小田急線成城学園前駅から徒歩1分

① ②

PATISSERIE
Tadashi YANAGI

タダシ ヤナギ
(東京・都立大学)

オーナーシェフ 柳 正司さん

①ドゥルセ ②キャラメリア ユズ

豊かな発想力と審美眼に
裏打ちされた実力シェフの味

　クープ・デュ・モンド・ドゥ・ラ・パティスリーをはじめ数々のコンクールで功績を残し、現在はコンクールの審査員を務めるなど、パティスリー業界を牽引する存在の柳正司さんがオーナーシェフを務めるパティスリー。柳さんは、「銀座三笠会館」、「ピュイダムール」を経て、フランス料理店「クレッセント」のシェフパティシエに就任。1998年に独立開業し、現在は八雲店とマルイファミリー海老名店の2店舗を展開する。

　「クレッセント」時代には、最高の素材を使い、週替わり、月替わり、季節替わりというように、つねに新作を開発し続ける立場にあったという柳さん。豊かな発想力や引き出しの多さ、素材を見極める確かな目は、そうした経験に鍛えられたものだろう。現在も、新しい素材や技術、トレンドといった時代の流れに敏感に反応しながら、吟味した素材のもち味を引き出し、繊細な日本人の味覚に合う菓子づくりに励んでいる。

　八雲店のプチガトーは約30品で、そのうち3割が季節商品や新作。季節に合わせ、味わいや食感の濃淡を意識しながら商品をそろえているという。甘さ控えめで、素材本来の味わいが感じられ、それぞれのパーツが調和したバランスのよい味わいがもち味だ。

東京都目黒区八雲2-8-11
☎ 03-5731-9477
営10時～19時
休水曜

東急東横線都立大学駅から徒歩7分

① ②
③ ④

Pâtisserie & café
DEL'IMMO

パティスリー&カフェ デリーモ 赤坂店
（東京・赤坂）

シェフ　江口和明さん

①カラメリア　②メリッサ　③デュオピスターシュ　④デリーモ

チョコレートの奥深さを追求する
経験豊富なショコラティエ

「ショコラティエの創るパティスリー」をコンセプトに、2013年12月オープン。シェフを務めるのは、数々の有名ショコラトリーで経験を積んだ江口和明さん。「世界中のチョコレートと洋菓子を、気軽に食べられる店をつくりたい」との思いから、常時15品ほどをそろえるプチガトー、焼き菓子、イートインメニューのパフェやパンケーキ、さらにショコラショーなどのドリンクと、チョコレートを使ったアイテムを豊富に用意。プリンやシュークリーム、モンブランといった定番アイテムにもチョコレートを使う。また、使用しているチョコレートのカカオ分を商品ごとに表示するなど、チョコレートへの関心を喚起する店づくりを打ち出している。

チョコレートは、さまざまなメーカーの計20〜24種類の製品を使用。単一で用いてカカオの個性を前面に出したり、逆に数種類をブレンドして味に深みを出したりと菓子に合わせて使い分け、チョコレートの奥深い魅力を多彩な手法で表現している。

また、落ち着いた雰囲気のカフェでは、紅茶やワイン、オリジナルのカクテルなどもそろえ、チョコレートとアルコールのマリアージュも楽しめる。チョコレートの世界観が広がる1店だ。

東京都港区赤坂 3-19-9
☎ 03-6426-5059
⑬11時〜21時(20時 L.O.)
㉁月曜(祝日の場合は営業、翌火曜休)

東京メトロ赤坂見附駅から徒歩5分

Toshi Yoroizuka

トシ・ヨロイヅカ東京
（東京・京橋）

オーナーシェフ　鎧塚俊彦さん

①クエンカ　②ミルフィーユ エクアドル

自家栽培のカカオ豆で表現される華麗なチョコレートの世界

　南米・エクアドルにカカオ農園をもち、2013年から自家栽培のカカオ豆を使ったチョコレートづくりに取り組んでいる鎧塚俊彦さん。「トシ・ヨロイヅカ東京」は16年11月に大型旗艦店として、話題の商業施設内にオープンした。1階はパティスリーとカフェ、2階は鎧塚さんの代名詞でもある、カウンターデザートを楽しめるサロン・ド・テだ。

　ピスタチオのクレーム・ブリュレを包んだスペシャリテ「ジャン・ピエール」や、花山椒のクリームを合わせた「ムッシュ・キタノ」など人気商品を含め、チョコレートを使ったプチガトーは常時7～8品用意する。ミルフィーユは旬の素材を取り入れて定期的に構成を変え、サロン・ド・テではデセールとしても提供している。16年秋冬バージョンの「ミルフィーユ　エクアドル」は、パート・フイユテの間に自家製ダークチョコレートのクリームとカカオニブ、自家製ミルクチョコレートのクリーム、バナナのキャラメリゼを重ねた1品。チョコレートはもちろん、浅煎りにしてフルーティーなカカオ豆の風味を引き立てたカカオニブも自家製だ。

　一方で以前から愛用してきた既成のチョコレートも併用し、チョコレート菓子の世界を広げている。

東京都中央区京橋2-2-1 京橋エドグラン1F
☎ 03-6262-6510
営11時～20時
　（カフェは～20時／19時L.O.、
　サロン・ド・テは～21時／20時L.O.）
休無休（サロン・ド・テは火曜定休）

東京メトロ銀座線京橋駅から駅直結

① ②
③ ④

Pâtisserie
TRÈS CALME

パティスリー トレカルム
(東京・千石)

オーナーシェフ　木村忠彦さん

①ラヴァンド　②ソレイユ　③ミルティーユ　④オリゾン

料理人出身の感性が生み出す、新しさと創作性に富んだ菓子

千石駅からすぐの路地裏に、2014年10月オープン。オーナーシェフの木村忠彦さんは、料理人からパティシエに転向した経歴をもつ。「銀座レカン」、「ホテル西洋銀座」を経て、会員制ホテル「ウラク青山」でシェフパティシエを勤めたのち、生まれ育った文京区千石で独立開業を果たした。

住宅街にあり、リピーターの多い同店では、約20品のプチガトーのうち約半数を新作が占め、訪れるお客にいつも新鮮な感動を与えている。「基本的には重たくて甘いケーキが好き」という木村さん。料理人としての経験が味づくりにも生かされており、その特徴の一つがプチガトーに「ソース」を多用していること。とろっと流れ出るくらいの固さに調整したソースを中心にしのばせた、デセールを思わせる仕立てだ。

人気のモンブランは、クルミとベリー、クリの組合せに、コーヒー風味のメレンゲをあしらった見た目も斬新な1品。また、得意とするチョコレート系のプチガトーも売れ筋で、夏場でも5品ほどを用意している。ボンボン・ショコラをモチーフに、黒コショウをふるなどステーキのアイデアも取り入れた「アリュール」をはじめ、料理からの発想も生かしながら個性あふれる菓子を創作している。

東京都文京区千石4-40-25
☎ 03-3946-0271
営 10時30分〜20時
休 不定休

都営三田線千石駅から徒歩3分

① ②
③ ④

Pâtisserie Noliette

パティスリー・ノリエット
（東京・下高井戸）

オーナーシェフ　**永井紀之**さん

①C/E/F/C　②タルト フレーズ
③ティラミス フレーズ　④ヴェリーヌ フロマージュ オ テ

何度でも訪れたくなる
総合的な品ぞろえの地域密着店

　下高井戸駅前で、20年以上愛されるパティスリー。オーナーシェフの永井紀之さんは、「オーボンヴュータン」を経て渡仏。フランスとスイスで6年間経験を積み、1993年に開業。2014年9月に移転リニューアルし、1階がパティスリー、3階がカフェレストラン「プティ・リュタン」として営業している。店内は、大理石を施したショーケースやシャンデリアを配した瀟洒な雰囲気。フランスの日常に根づいたパティスリーの文化を日本でも伝えたいと、フランス菓子を中心に、生菓子、焼き菓子、チョコレート菓子、コンフィズリー、アイスクリーム、さらにパンやそうざいと多彩な商品を販売。地域の幅広いニーズにこたえる商品構成だ。

　スペシャリテの「ノリエット」をはじめ、プチガトーは約25品。「職人は、同じ商品を同じクオリティに仕上げることが第一。そのうえで、新作など新しい提案を加え、店の鮮度を維持していきたい」と永井さん。この20余年の間にも、幾度となく定番商品のブラッシュアップに取り組んできたという。選ぶ楽しさを訴求する豊富な品ぞろえと、いつ来てもお客の期待を裏切らない安定感のある味づくりで、長きにわたり多くのファンを魅了し続けている。

東京都世田谷区赤堤 5-43-1
☎ 03-3321-7784
㊋10時〜19時
㊡水曜、第1・第3火曜

京王線下高井戸駅から徒歩3分

HYATT REGENCY TOKYO PASTRY SHOP

ハイアット リージェンシー 東京／ペストリーショップ
（東京・新宿）

ペストリーシェフ　仲村和浩さん

①Pousse-新芽-　②Bourgeon Fleur-つぼみ-
③Fleur-花-　④Herbe-草木-

伝統のあるホテルで、トレンドや独自性を意識した菓子を提供

　西新宿の高層ビル街に、日本初のハイアットホテルとして開業した伝統のある「ハイアット リージェンシー 東京」。そのロビーフロアにある「ペストリーショップ」では、12〜15品をそろえる生菓子のほか、焼き菓子やマカロンなどの手土産菓子を提供している。

　商品開発においては、ホテル内ショップという性格上、老若男女に好まれる「軽さ」のある仕立てを意識するとともに、ホテルならではの高品質な素材を厳選し、オリジナリティの高い生菓子に力を入れている。たとえば2017年春は、「庭園」をテーマに目覚めから再生までを表現したプチガトー4品が登場。土に見立てた「Pousse-新芽-」や新緑をイメージした「Herbe-草木-」など、いずれもユニークな商品設計で、大人の遊び心を取り入れた斬新なデザイン。ハーブを隠し味に用いているのも特徴で、春にふさわしいさわやかな余韻が印象的だ。

　また、ショートケーキやタルトといった定番商品は、季節の素材を使い1〜2ヵ月ごとに入れ替えるほか、ガラスのジャーを使ったスイーツなどトレンドを意識した商品も導入。フランスの動向にもアンテナを張りつつ、話題の素材や新しい技術を積極的に取り入れ、時代に合った商品を開発している。

東京都新宿区西新宿2-7-2
ハイアット リージェンシー 東京
ロビーフロア（2F）
☎ 03-3348-1234（代表）
㊂10時〜21時
㊡無休

都営地下鉄大江戸線都庁前駅から駅直結

Pâtisserie
PARTAGE

パティスリー パルタージュ
（東京・町田）

オーナーシェフ　**齋藤由季**さん

①ショコラ・マント　②アフロディーテ

素材使いにも、デザインにも
パティシエールのセンスが光る

　オーナーシェフの齋藤由季さんは、「気持ちを分かち合えるお菓子をつくりたい」と、店名をフランス語で「分かち合い」を意味する「パクタージュ」とつけた。コンセプトは、「素材のおいしさを伝える」。新作を考えるときも、出発点は素材だ。デザインも主役となる素材を際立たせることを第一に検討。色合いも形もロマンティックでかわいらしい仕上がりは、パティシエールならではの感性も感じさせる。

　スペシャリテはグレープフルーツの風味豊かな「ソフィー」。バレンシアアーモンドをたっぷり使ったパン・ド・ジェンヌにグレープフルーツのコンフィチュールとムース、タヒチ産バニラで香りをつけたクレーム・シャンティを重ねた1品だ。キレのある甘みが求められる春夏には、ミントのムースや華やかな風味のタイベリーなどを使った生菓子も登場する。

　生菓子以外にも地元の人々に愛されているのが、発酵バターを配合したクロワッサンをはじめとするヴィエノワズリー、そして食パンやフランスパンなど日々の食事に欠かせないパン類だ。店内には開店から昼にかけて焼き上げるパンの香りがただよっている。

　また、店舗の2階では菓子や料理の教室も開催している。

東京都町田市玉川学園2-18-22
☎ 042-810-1111
㊠10時～19時
㊡火曜

小田急線玉川学園前駅から徒歩2分

① ②
③ ④

Paris S'éveille

パリセヴェイユ
（東京・自由が丘）

オーナーシェフ　金子美明さん

①エクレール・プランタニエ　②ショコラ・カフェ・トンカ
③サヴァラン・ヴァン・ルージュ　④ロアジス

確かな技術と美しいデザインで
フランス菓子の今を伝える

　全国のスイーツ愛好家を魅了し、同業者からもつねに注目を集める人気店。オーナーシェフの金子美明さんは、「ルノートル」などで修業したのち、デザイナーの仕事に従事。その後、ふたたび菓子の世界へ戻り、「レストラン・パッション」、「ル・プティ・ブドン」などを経て渡仏。「ラデュレ」、「アルノー・ラエール」などの名店で経験を積み、2003年に帰国し、独立開業。13年にはフランス・ヴェルサイユに「オー・シャン・デュ・コック」を開業し、本場の時流の変化を敏感に感じ取って、自身の菓子に反映させている。

　伝統的なフランス菓子の王道を規範としながら日本人としての感性を加味し、個性のある菓子づくりに取り組んでいる金子さん。サロンを併設したクラシックな雰囲気の店内には、生菓子約25品や焼き菓子、パンなどが並ぶが、まず目を奪われるのが前衛的で洗練されたデザインのプチガトー。見た目の美しさに加え、味の濃淡や食感のリズムに富んだ立体感のある構成が、最後まで食べ手を楽しませる。一方、焼き菓子は細部にまでていねいな仕事を徹底し、品質をぐっと高めている。シンプルな仕立てでも食感や味のコントラストを打ち出し、"日常のなかにある上質"を表現している。

東京都目黒区自由が丘 2-14-5
館山ビル 1F
☎ 03-5731-3230
⑬ 10 時～20 時
㊡ 無休

東急東横線・大井町線自由が丘駅から徒歩 3 分

① ②
③ ④

PÂTISSERIE
BIGARREAUX

パティスリー ビガロー
（東京・桜新町）

オーナーシェフ　石井 亮さん

①バルケット オ パンプルムース　②コケット
③ファンティーヌ　④バロンヌ フロマージュ

素材や製法を吟味し、伝統菓子の本質を追求

　「サザエさん通り」の名で親しまれるにぎやかな商店街に、2014年5月オープン。オーナーシェフの石井亮さんは、ルクセンブルグとフランスで3年間腕を磨き、帰国後は「レピドール」で11年間シェフを務めたのち独立開業。店内にはフランス製の雑貨やアンティーク家具を配し、床はタイル張りにするなどして本場の空気感を再現している。

　「フランスの菓子づくりをそのまま真似るのではなく、日本で手に入る良質な素材を使い、自分がつくりたいと思う菓子を提供したい」と石井さん。シンプルな仕立てを好む石井さんの菓子は、吟味した素材の味をしっかりと感じられ、食べ心地は軽やか。プチガトーでは素材の組合せは3種類までを基本とし、食べ手に伝わりやすい味づくりを心がけている。香料や色粉を使わず、素材の自然な風味と色を生かすのもモットーだ。

　生菓子はミルフィーユやオペラなど約20品。チョコレートやプラリネ使いを得意とする石井さんらしい、シックでクラシカルな見た目のアイテムに加え、季節ごとに華やかな仕立ての新作も導入。さらに、ロールケーキやショートケーキといった日本でおなじみのアイテムも用意し、ショーケースを彩り豊かに演出している。

東京都世田谷区桜新町1-15-22
☎ 03-6804-4184
⑲9時～19時（18時30分 L.O.）
㊡水曜

東急田園都市線桜新町駅から徒歩4分

PATISSERIE DU CHEF FUJIU

パティスリー・ドゥ・シェフ・フジウ
（東京・高幡不動）

オーナーシェフ　藤生義治さん

①パート ダマンド フリュイ　②ソーシソン オ パン ヴリュ
③ガトー メキシカン　④キャラメル ムー

ラインアップは200品以上！
フランス古典菓子も豊富な有名店

　2018年に25周年を迎える東京・高幡不動の人気フランス菓子店。オーナーシェフの藤生義治さんは、1969年に渡欧し、フランス・パリの有名店「ジャン・ミエ」やオーストリア・ウィーンの老舗カフェ「ハイナー」などを経て、スイス・バーゼルにあったコバ製菓学校を卒業。帰国後、東京・立川の「エミリー・フローゲ」でシェフを務め、93年に独立開業した日本の洋菓子業界の重鎮だ。

　店舗は34坪。8席のカフェスペースを併設した約15坪の売り場には、生菓子約30品のほか、焼き菓子やヴィエノワズリー、チョコレート菓子、コンフィズリーなど、計200以上の商品がずらりと並ぶ。なかでも、レーズン入りの生地にアプリコットのコンフィチュールをぬって巻き上げたスペシャリテの「ソーシソン オパン ヴリュ」や、チョコレートたっぷりの「ガトー メキシカン」といったフランスの古いレシピ本に登場する菓子を再現した商品が充実。「キャラメル ムー」や「パート ダマンド フリュイ」などのコンフィズリーも豊富で、本場フランスでも珍しくなった菓子が見つかるのも同店の魅力だ。また、福永由美子さんによるイラストがかわいらしいギフト用のパッケージも好評で、手土産需要も高い。

東京都日野市高幡17-8
☎ 042-591-0121
営 9時～20時
休 無休

京王線・動物園線高幡不動駅から徒歩1分

BLONDIR

ブロンディール
(東京・石神井公園)

オーナーシェフ　藤原和彦さん

①エタンセル　②ノスタルジ　③タンタシオン　④ブルジョネ

フランスの趣を大切に、
豊かな味わいと食感を表現

　埼玉・ふじみ野で11年間愛されてきた「ブロンディール」が、2015年6月、東京・石神井公園へ移転。オーナーシェフの藤原和彦さんは、「アンジェリーナ」などを経て渡仏し、「オー・パレ・ドール」などで修業。帰国後、「パティスリー・フジタ」でシェフを務めたのち、04年に独立した。移転後も変わらず、フランスの趣を大事にした店づくりを貫いている。

　建物は、フランスのアパルトマンをイメージし、内装は落ち着いた色調で統一。約25品のプチガトーをはじめ、タルトやパン、ギモーヴやアメなどのコンフィズリー、フール・セック、チョコレート菓子など豊富なアイテムが整然と並び、フランスのパティスリーさながらの雰囲気だ。

　味づくりにおいても、フランスの古典菓子を重んじ、現地らしい味や食感の表現にこだわる。一見するとシンプルな構成の菓子も、各パーツに手間暇をかけ、全体のバランスを緻密に計算。たとえば、ナッツ系の素材は自店でローストし、ペーストや粉末に加工することでフレッシュな香りを生かすとともに、商品に合わせた多彩な表現を可能にしている。また、ボンボン・ショコラを通年商品として販売するなど、チョコレート系の商品にも注力している。

東京都練馬区石神井町4-28-12
☎ 03-6913-2749
㊏10時〜20時
　（土・日曜、祝日は〜19時30分）
㊡水曜

西武池袋線石神井公園駅から徒歩15分

① ②

matériel

マテリエル

(東京・大山)

オーナーシェフ　林 正明さん

①レコルト　②プールプル・クレール

世界の舞台で磨きをかけた
日本人らしい繊細な洋菓子

　国内外の洋菓子コンクールで活躍してきた林正明さんが、2010年5月に独立開業。林さんは東京・台場の「ホテル・グランパシフィック・メリディアン」を経て、04年に埼玉・川越の「氷川会館」のシェフパティシエに就任。06年のワールド・ペストリー・チーム・チャンピオンシップで準優勝を果たし、09年のクープ・デュ・モンド・ドゥ・ラ・パティスリーではチームキャプテンを務めた。

　イートインスペースを備えた広々とした店内には生菓子、焼き菓子、パンなど豊富な商品が並び、見た目も華やかなケイクやマカロン、コンフィチュールなどギフト向きの菓子も充実している。

　さまざまな制約のあるコンクールの舞台を多数経験するなかで、素材と真摯に向き合い、発想力を鍛えられたという林さん。自店ではそうした経験を生かし、「日本の文化に合う洋菓子」をコンセプトに、日本人の味覚に合わせた繊細な菓子づくりをモットーとしている。ピスタチオとヘーゼルナッツがテーマの「レコルト」は、3種類のナッツを加えたこく豊かな生地と濃厚なムースの組合せながらも、軽い食感で最後まで食べ飽きない。季節のフルーツを使った「クープ」などイートインメニューを楽しみに通うお客も多い。

東京都板橋区大山町 21-6
白樹舘壱番館 1F
☎ 03-5917-3206
㊠ 10 時〜19 時
㊡ 水曜

東武東上線大山駅から徒歩 5 分

Maison de petit four

メゾン・ド・プティ・フール
（東京・西馬込）

オーナーシェフ　西野之朗さん

①ババ・オ・ナポリタン　②ミスターK
③ボー・タン　④ベル・ファム

生菓子、チョコ、そうざい……。
フランスの美味が詰まった老舗

　焼き菓子専門店として1990年にオープンした「メゾン・ド・プティ・フール」は、大田区長原に3号店を出店した2004年から生菓子の販売もスタートした。

　ショーケースに並ぶ30品の生菓子のほか、約20品のボンボン・ショコラ、100品以上の焼き菓子、14品のコンフィチュール、さらにそうざいやサンドイッチ、ヴィエノワズリーもそろい、品数はじつに豊富だ。

　「以前はフランスの伝統的なスタイルにこだわっていましたが、最近は考え方が柔軟になり、菓子づくりがいっそう楽しくなりました」と語るオーナーシェフの西野之朗さん。たとえば、生菓子の「ミスターK」は友人のオペラ歌手に捧げた1品で、伝統菓子のオペラをキャラメル風味にアレンジ。キャラメルのバタークリームとダークチョコレートのガナッシュなどを層にし、上面にキャラメルのクレーム・シャンティイをシャツのひだに見立てて絞り、タクトをイメージしたチョコレートを飾る。ババも夏には涼しげなヴェリーヌ仕立てに。ラム酒とオレンジに浸した生地の上に、ラム酒で和えた6種類のフルーツなどを重ねた仕立てだ。「口に入れたときの楽しさや驚きを演出した、印象に残る菓子を追求し続けたい」と西野さんは話す。

東京都大田区仲池上2-27-17
☎03-3755-7055
㊉9時30分～18時30分
㊡水曜、火曜不定休
都営浅草線西馬込駅から徒歩10分

① ②
③ ④

PÂTISSERIE
Mont St. Clair

モンサンクレール
（東京・自由が丘）

オーナーシェフ　辻口博啓さん

①オネット　②モンサンクレール
③ブロンテ　④セラヴィ

日本の洋菓子界をリードする
進化し続けるパティスリー

　国内外のコンクールで数々の受賞歴を誇り、世界的にも高い評価を得ているパティシエ・辻口博啓さん。現在13ブランドを展開する辻口さんの原点ともいえるのが、98年に開業したパティスリー「モンサンクレール」。店内は、ガラス越しに厨房の製造風景が見えるつくりで、イートイン可能なサロンも併設。平日、週末問わず多くのお客でにぎわっている。

　スペシャリテの「セラヴィ」など常時25品ほどをそろえるプチガトーをはじめ、焼き菓子、ショコラ、パンなど、店内に並ぶアイテムは約150品。素材感をしっかりと感じさせつつも軽やかであとをひく、満足感のある味わいが辻口さんのスイーツの真骨頂。洗練されたスタイルながらもどこか親しみやすい味づくりが、多くのお客の心をとらえている。また、日本全国をまたにかけてフルーツの産地や品種を選び抜いたり、海外のカカオ豆の農園を訪ねて見聞を深めたりと、素材へのこだわりも並々ならぬものがある。

　さらに、最近では砂糖不使用のチョコレートなどの低糖質スイーツの開発をはじめ、業界の将来を見据えた新たな課題にも意欲的に取り組んでいる。日本を代表するパティスリーの1軒として、訪れておきたい店だ。

東京都目黒区自由が丘2-22-4
☎ 03-3718-5200
営11時～19時
　（サロンは～17時30分 L.O.）
休水曜、不定休

東急東横線・大井町線自由が丘駅から徒歩8分

PÂTISSERRE
Yu Sasage

パティスリー ユウ ササゲ

（東京・千歳烏山）

オーナーシェフ **捧 雄介** さん

①サバラン・パッション・ショコラ　②デュック
③プランタニエ　④エデン

フランスの伝統菓子を
季節のアレンジで個性的に

　テーマカラーの淡いグリーンが映える、可愛らしい店構えの「パティスリー ユウ ササゲ」。オーナーシェフの捧雄介さんは、「ルコント」、「オテル・ド・ミクニ」などを経て、「プレジール」でシェフを務めたのち、2013年に独立開業。15年9月には、祖師ヶ谷大蔵に姉妹店「べべ」もオープン。パティスリーで学んだ伝統的なフランス菓子と、レストランで鍛えたデセールの双方の経験を生かした豊かな発想から生み出される菓子が評判を集めている。

　プチガトーは約20品で、そのうち半数が定番商品、残りを季節商品や新作が占める。クラシカルなフランス菓子をベースとするアイテムが中心で、サントノレ、サヴァラン、エクレアなどは季節ごとのアレンジを施して提供する。一方で、子どもに配慮したアルコールを使わないケーキや、構成要素の少ないシンプルなケーキもそろえるなど、食べ手を思いやり、おいしさが伝わりやすい菓子づくりも意識している。スペシャリテの「パルファン」は、捧さんが好きな素材だというフランボワーズと紅茶を組み合わせ、バラの香りのメレンゲで仕上げた1品。焼いたホワイトチョコレートを使った「ヌメロ」も、季節ごとに新しい味を発表している定番商品だ。

東京都世田谷区南烏山6-28-13
☎ 03-5315-9090
⊛10時～19時
㈭火曜

京王線千歳烏山駅から徒歩4分

PÂTISSERIE
Yoshinori Asami

パティスリー ヨシノリアサミ
（東京・巣鴨）

オーナーシェフ　浅見欣則さん

①クレーム・グラッセ　②ヴェリーヌ・エキゾチック
③ミルフィーユ・フランボワーズ　④ハワイアン

フランスのエスプリ香る空間。
本場仕込みのクリエーション

　フランス・アルザス地方の中心都市、ストラスブールの老舗パティスリー「キュブレー」でシェフを務め、M.O.F.の氷菓職人部門で外国人として初めて決勝に進むなど、フランスで高い評価を得てきた浅見欣則さんが、12年間の時を経て帰国。日本に活動拠点を移し、2015年10月、東京・巣鴨に店を構えた。淡いピンクと濃い茶色を基調に、フランスの装飾品が彩る店内は、クラシックで温かみある雰囲気。20〜25品をそろえる生菓子をはじめ、タルトや焼き菓子、チョコレートなど、バラエティ豊かな商品を販売する。

　フランスでは、地方にある伝統菓子に惹かれたという浅見さん。生菓子は、フォレ・ノワールやサヴァランといった伝統菓子を中心に、ロールケーキやプリン、オムレットといった日本で親しみのある菓子も取り入れ、幅広い客層に愛される商品構成を意識。なかには、アルザスの郷土菓子であるプレッツェル形のサブレなど、個性的な焼き菓子もある。

　また、7席のイートインスペースでは、浅見さんが得意とするアイスクリームや季節の素材を使ったパフェも提供。今後は、フルーツや乳製品など、日本の上質な素材を生かしたオリジナリティのある菓子もリリースする予定だ。

東京都豊島区巣鴨 3-23-3
ハウス桃李 1F
☎ 03-5980-7674
営 10時30分〜19時30分
休 水曜、第2火曜

JR山手線巣鴨駅から徒歩3分

La Vieille France

ラ・ヴィエイユ・フランス
（東京・千歳烏山）

オーナーシェフ　木村成克さん

①ポロネーズ　②ヴェール ア シュプリーズ
③レジェルテ　④プレスティージュ

伝統菓子へのオマージュを源に、"古きよきフランス"を伝える

11年間にわたるフランスでの経験に加え、国内の人気店でも研鑽を積んだ木村成克さんが2007年10月に開業。木村さんが日本人初のシェフパティシエを務めたパリの老舗から暖簾分けを許され、掲げている店名が意味するのは「古きよきフランス」。伝統のあるフランス菓子に敬意を表しながら、奇をてらわず無理のない範囲でオリジナリティを加えるのが、木村さんの菓子づくりの基本スタンス。「古典菓子は地味に見えて手間がかかる。その手間を省かず、次の世代に伝えていくのも自分の役割」(木村さん)という姿勢に、多くのファンが共鳴している。

売り場には、約25品の生菓子をはじめ、種類豊富な焼き菓子やコンフィチュール、マカロンなどが並ぶ。生菓子は、サヴァランやフレジエなどの定番約8品に、モンブランやタルト・タタンなどの季節商品、それに四季ごとに発表される新作が加わる。上品なパッケージのギフト菓子もバリエーション豊富にそろい、気のきいた贈り物として評判だ。また、氷菓にも力を入れており、アイスクリームを主力商品とする仙川店もオープン。アイスクリームやシャーベットをサブレでサンドした「パレアグラス」や、グラスアントルメなども購入できる。

東京都世田谷区粕谷4-15-6
グランデュール千歳烏山1F
☎ 03-5314-3530
営 10時～19時30分
休 月曜(祝日の場合は営業、翌火曜休)

京王線千歳烏山駅から徒歩8分

LA CANDEUR

ラ カンドゥール

（東京・仙川）

オーナーシェフ **安藤康範**さん

①オペラ ②マジストラル

日仏を融合させた上質な空間で
素材重視の菓子を提供

「ヒルトン名古屋」を経て、フランスで4年間修業。帰国後は、銀座「ロオジエ」を経て、「ル・ジャルダン・デュ・ソレイユ」で立ち上げよりシェフを務め、2010年、たまプラーザ「デフェール」のシェフに就任した安藤康範さんが、16年8月に独立開業。フランスと日本を融合したアンティーク調の店舗は、無垢の木や真鍮などが用いられ、上質感あふれる雰囲気を醸し出している。

安藤さんが理想とするのは、「シンプルな構成で、素材の味をはっきりと感じられる菓子」。なかでも人気の「オペラ」は、安藤さんもフランスでよく食べていたという思い入れのある1品。コーヒーとチョコレートの味の濃淡のバランスや、生地とバタークリームの比重、バタークリームとガナッシュの食感などを緻密に計算し、食べたときにすべてのパーツがすっと調和するような一体感のある味わいに仕上げている。

その他、ショーケースには20品前後の生菓子が並ぶ。いずれも、主役の素材の味をストレートに感じられる構成を意識しており、冬限定の「タルトタタン」や「あまおうのタルト」など、季節の素材を使ったケーキも人気。また、焼き菓子のギフトボックスは洗練されたデザインで、贈り物にも最適だ。

東京都調布市仙川町1-3-32
☎ 03-5969-9555
🕙 10時30分〜19時30分
㊡ 火曜、不定休

京王線仙川駅から徒歩7分

① ②
③ ④

L'atelier
MOTOZO

ラトリエ モトゾー
（東京・池尻大橋）

オーナーシェフ　藤田統三さん

①モンテビアンコ　②パンナコッタ アル バルサミコ　③ババ アル ラム　④フルッタ ロッサ

古典からオリジナルまで
洗練されたイタリア菓子を提供

　オーナーシェフの藤田統三さんは、フランス菓子店やイタリア料理店での勤務を経て、イタリア菓子に転向。たねやグループが手がけるイタリア菓子専門店「ソルレヴァンテ」（東京・表参道／2014年閉店）の立ち上げよりシェフパティシエを務め、日本ではまだ数少ない本格的なイタリア菓子の啓蒙に務めてきた人物だ。16年8月に開業した自身の店は、目黒川に近い住宅街に立地し、イートインスペースを備えている。

　「大人かわいい」をテーマにした店内は、こげ茶の床にピンクの壁紙を合わせ、家庭的な温かみのある雰囲気を演出。スペシャリテの「モンテビアンコ」や「タルティーナ」といった前店時代からの人気商品に加え、ナポリの郷土菓子「スフォリアテッラ」や、北イタリアでポピュラーな「カンノンチーニ」など、生菓子約25品、焼き菓子約15品を用意する。ティラミスやババといった比較的知られたイタリア菓子も、良質な素材と手間をかけた味づくりにより、洗練された味わいだ。

　また、将来的にはお酒なども提供できるよう、店内にはバーカウンターを設えており、今後はピッツァ窯も導入を予定。菓子だけでなく、イタリアの食文化を広く発信する店づくりを打ち出す方針だ。

東京都目黒区東山 3-1-4
☎ 03-6451-2389
営 10 時 30 分～19 時 30 分
休 月曜

東急田園都市線池尻大橋駅から徒歩 3 分

① ②

Pâtisserie
L'abricotier

パティスリー　ラブリコチエ
（東京・高円寺）

オーナーシェフ　**佐藤正人**さん

①オペラ　②シシリアン・フィグ

生地のおいしさが際立つ
香りと食感豊かな菓子

　高円寺駅から徒歩10分ほどの住宅街に、2009年11月オープン。フランス語で「杏の樹」を意味する店名に由来し、オレンジ色をテーマカラーにした外観が目印だ。オーナーシェフの佐藤正人さんは、「ペシェ・ミニョン」や「ダロワイヨ」などで経験を積み、フランスで半年間修業。帰国後、「フラウラ」を経て独立した。

　プチガトーは、常時15品程度。フランス伝統菓子や色鮮やかなグラサージュで仕上げたオリジナルのムースなどに加え、それらとともに並ぶプリンやショートケーキといった日本で定番の洋菓子も地元客からの支持が高い。ピスタチオとイチジクのムースを組み合わせた「シシリアン・フィグ」（夏秋限定）や、長時間かけてカラメル色になるまで焼き込んだメレンゲが命の「モンブラン」（秋冬限定）などの季節商品も人気だ。6席あるイートインスペースでは、つくりたてのモンブランも楽しめる。

　また、那須御養卵や発酵バターなど良質な素材を使い、焼成温度を厳密に管理して焼き上げるドゥミ・セックなどの焼き菓子も、佐藤さんの思い入れが強いアイテム。プチガトーの場合も、生地は夏の少ない時期でも12〜13種類を使い分けるなど、生地も重視しながらおいしさを追求している。

東京都中野区大和町1-66-3
☎03-5364-9675
㊐10時〜19時
㊉月曜、不定休

JR中央線高円寺駅から徒歩7分

PÂTISSERIE
La Rose des Japonais

パティスリー ラ・ローズ・ジャポネ

（東京・金町）

オーナーシェフ　五十嵐 宏さん

①サンバ　②ヴァカンス
③ボンブ カシス　④ハート エキゾチック

世界で認められた高い技術を
下町で愛されるケーキに応用

「コロンバン」を経て渡仏し、「ホテル西洋銀座」の製菓長、「マンダリンオリエンタル東京」のペストリーシェフを歴任。2001年のクープ・デュ・モンド・ドゥ・ラ・パティスリーでは主将を務め、日本チームを2位に導いた五十嵐宏さんが、12年3月に独立開業。場所は東京の下町・葛飾区金町。白を基調としたモダンな外観の店は、つねにお客でにぎわう。

「フランス菓子のエスプリを感じさせながらも、とんがりすぎず下町のお客さまに愛されるような菓子をめざしています」と五十嵐さん。10年のワールド・ペストリーチーム・チャンピオンシップで日本人初の総合・個人ともに優勝を果たした際の作品でスペシャリテの「ピクシー」をはじめ、フランスの伝統菓子からロールケーキやプリンまで、週末には50〜60品ものプチガトーが並ぶ。豊富な経験をもとに、洗練された菓子を地元で求められる味に落とし込み、多彩な商品を提供している。

プチガトーの味づくりにおいては、主役となる素材を複数のパーツに仕立てて組み合わせ、一つの菓子のなかでその素材の魅力を多方面から味わえるように仕上げるのが五十嵐さんの手法。主素材と副素材の強弱も意識し、メリハリのある味わいに仕立てている。

東京都葛飾区金町 6-4-5
☎ 03-5876-9759
㊖10 時〜19 時
㊡月曜

JR常磐線金町駅から徒歩5分

Libertable

リベルターブル

（東京・赤坂）

オーナーシェフ　森田一頼さん

①ソフィー　②プランタニエ
③グルーヴ　④ヤニック

独自の感性から編み出される
フランス菓子の新しい表現

　従来のパティスリーの枠にとらわれない、独自性の高い味づくりで話題の「リベルターブル」。オーナーシェフの森田一頼さんは、国内やフランスのパティスリーやレストランで経験を積んだのち、フランス料理店「ランベリー」のシェフパティシエに就任。2010年7月、デセールをコース仕立てで提供する「リベルターブル」を開業し、13年10月、テイクアウト主体のパティスリーとして再スタートを切った。現在は、赤坂のほかに銀座、渋谷の計3店舗を展開する。

　コンセプトは、"自由な発想、記憶に残るクリエイティブ"。レストランでの経験を生かし、フォワグラや黒トリュフ、ポルチーニ茸といった一般的に菓子には用いないような素材も柔軟に取り入れ、唯一無二の味を生み出している。フォワグラのフランとシブーストクリームを、ともに相性のよいリンゴでまとめた「ゼニス」や、毎春に販売するフキノトウを用いたミルフィーユ「レヴェイユ」など、斬新で驚きに満ちた味わいがお客を楽しませている。

　黒トリュフをぜいたくに使い、カルヴァドスの香りをつけたスペシャリテ「ケイク オ トリュフ ノワール カルヴァドス」など、デザイン性を高めたケイクも人気商品。菓子の新しい世界を体感できる。

東京都港区赤坂 2-6-24 1F
☎ 03-3583-1139
⊕11時～21時
㊡不定休

東京メトロ千代田線赤坂駅から徒歩1分

Ryoura

リョウラ

(東京・用賀)

オーナーシェフ　菅又亮輔さん

①リトム　②サヴァラン・エキゾチック
③マルキーズ　④バロン

フランス菓子の技法で生み出す
親しみやすく、印象に残る菓子

フランス各地や国内の有名店などで研鑽を積んだ菅又亮輔さんが、2015年10月に用賀駅前の商店街にオープンした「リョウラ」。さわやかな水色が印象的な明るい空間に、彩り豊かな菓子が並ぶ。プチガトーは約30品で、そのうち半分は定番商品、残りは季節商品と新作で占められ、新作は月に1～2品のペースで登場する。

和洋菓子店に生まれた菅又さんは、和菓子にふれてきたこともあり、季節感の表現に敏感だ。「日本には月のぶんだけ季節がある。毎月少しでも旬を感じる商品を出したい。気候に合わせた菓子がないと、自分のなかでも違和感が生まれるんです」と話す。

目指すのは印象に残る菓子だ。複数のパーツや素材を重ねながらも統一感のある味や食感に仕上げる。また、香り高い柑橘やハーブ、スパイスなどを多用するのも特徴だ。「発想の原点は素材や伝統菓子であることが多いのですが、味や食感、見た目などすべての要素で個性を出したいですね」。

マカロンも菅又さんの得意な菓子の一つ。マカロンは常時10品を用意するほか、マカロンで挟むスタイルのプチガトーもスペシャリテだ。意外な素材の組合せでありながら、見事に調和のとれた味わいが季節ごとに楽しめる。

東京都世田谷区用賀 4-29-5
グリーンヒルズ用賀 ST 1F
☎ 03-6447-9406
⊕ 11 時～19 時
㊡ 火・水曜

東急田園都市線用賀駅から徒歩 3 分

Pâtisserie
Le Pommier

パティスリー ル・ポミエ
（東京・東北沢）

オーナーシェフ　フレデリック・マドレーヌさん

①ユーレカ　②ピエモン

来日から20年。日本人の嗜好も取り入れたフランス人シェフの味

　フランス・ノルマンディー出身で、日本の「ダロワイヨ」でシェフを務めるために来日したフレデリック・マドレーヌさんが2005年にオープン。今では都内に4店舗を構えている。16年にリニューアルした東北沢の本店は、ノルマンディーから取り寄せたアンティークのタイルを床に敷き詰めた、温かみのある雰囲気の店舗だ。

　常時20〜25品のプチガトーをそろえるほか、17品のボンボン・ショコラ、ハート形の棒付きチョコレート「スーセット・ショコラ」など、チョコレート菓子も充実している。「フランスではチョコレートといえばダークチョコレートが主流ですが、今は日本人の嗜好に合わせ、ミルクやホワイトも取り入れています」とマドレーヌさん。クーベルチュールはヴァローナ、ヴェイス、オペラなどの計10種類の製品を使い分けている。

　16年秋冬には、ユズとダークチョコレートを組み合わせた「エクスキ」、レモンとホワイトチョコレートを合わせた「ユーレカ」など、酸味でアクセントをつけたチョコレートケーキが登場した。そのほかにも、青リンゴのムースがさわやかな「ポミエ」や、カラフルなマドレーヌなど、フランス人シェフらしい美しく、味にメリハリのきいた菓子をそろえる。

東京都世田谷区北沢4-25-11
☎ 03-3466-3730
営10時〜19時30分
休不定休

小田急線東北沢駅から徒歩7分

Relation

ルラシオン
(東京・芦花公園)

オーナーシェフ 野木将司さん

①アシデュレ ②カフェ・オランジュ
③タルト・シトロン・ノワゼット ④ラ・メール

バリスタの妻とコラボした
コーヒーに合うフランス菓子

　フランス修行後、「ピエール・エルメ・パリ」、「リンデンバウム」などを経て2013年に独立開業した野木将司さん。「レモンとヘーゼルナッツのように、フランスでは王道とされる組み合わせでも、日本人にとってはなじみの薄いもの。できるだけ一般の方が体験したことのないような面白みのある組み合わせを提案したい」と野木さんは語る。"何を食べているかわかる"構成、バランスがめざすところ。プチガトーは約20品をそろえ、およそ半数が季節商品だ。

　バリスタである妻の博子さんとともに、コーヒーと好相性のケーキを提案しているのも特徴。イートインやテイクアウト用のコーヒーに使うのは、「丸山珈琲」から仕入れる約10種類のスペシャルティコーヒー。コーヒーの菓子には「エスプレッソブレンド」をよく用いるそうだが、2016年に登場した「カフェ・オランジュ」では初めて、オレンジの風味をもつ「ルラシオンブレンド」を選択。ジュレやクレーム・ブリュレに使用し、オレンジのジュレやコンフィと合わせた。

　イートインではつくりたてのパフェ「クープ」も提供しており、「季節の素材を極力取り入れたい」という野木さんの思いを、ケーキとは別のかたちで提案している。

東京都世田谷区南烏山3-2-8
丸加ビル1F
☎ 03-6382-9293
営10時〜20時
休火曜

京王線芦花公園駅から徒歩3分

Pâtisserie
Les années folles

パティスリー レザネフォール
（東京・恵比寿）

オーナーシェフ　**菊地賢一**さん

①ショコラブラン オランジュ　②ルージュ
③ブランマンジェ キウイ　④タルトシトロン

「レトロモダン」をテーマに 素材を生かしたシンプルな菓子

　恵比寿駅至近の駒沢通り沿いに、2012年11月オープン。男性客も入りやすいシックな外観とアクセスのよさ、22時までという営業時間も魅力で、幅広い客層のお客でにぎわっている。オーナーシェフは、「アルパジョン」、「ヴォアラ」などを経て「パークハイアット東京」に勤め、国内外のコンクールでも活躍した菊地賢一さん。16年3月には銀座に2号店をオープンさせたほか、製菓学校講師や製菓関連企業のアドバイザーなども務め、活躍の場を広げている。

　「温故知新」「レトロモダン」をテーマに、万人に愛される味づくりをめざしているという菊地さん。シックでアンティークな雰囲気がただよう売り場に並ぶプチガトーは、約22品。素材の組合せは極力シンプルを心がけ、主役の素材をストレートに感じられる菓子づくりをモットーとしている。ときには日本各地の果物の産地に赴き、旬のフルーツから新作の発想を得るなど、素材重視の商品づくりにも熱心だ。

　ギフト需要も高い同店では、銀座店限定のハチミツのマドレーヌや、ブランデーのきいたフィナンシェショコラ、低糖質のスフレチーズケーキなど、オリジナルの焼き菓子にも注力。洒落たパッケージのギフトボックスも好評だ。

東京都渋谷区恵比寿西1-21-3
☎ 03-6455-0141
㊀10時～22時
㊡不定休

東京メトロ日比谷線恵比寿駅から徒歩2分

L'Automne

ロートンヌ 中野店
（東京・新江古田）

オーナーシェフ　神田広達さん

①ライズ　②クランチ
③アシッド　④古都〜KOTO〜

デザイン性と素材感を重視。
個性的で楽しいケーキの数々

　東京・秋津の人気店「ロートンヌ」の支店として、2010年にオープン。ベーシックなケーキをそろえながら、ユニークな名前、デザインで楽しませる商品も多い。

　オーナーシェフの神田広達さんは「人気の高いショートケーキやチーズケーキのような定番商品はマイナーチェンジを行い、オリジナルケーキをできるだけ残すようにして、ショーケースに個性が出るように意識しています」と話す。

　オリジナルケーキは、見た目のインパクトとは裏腹に、甘ずっぱいフランボワーズのムースをライチの華やかな香りが追いかける繊細な風味の「ライズ」や、杏仁とパッションフルーツという王道の組み合わせに、バナナ、ココナッツ、アプリコットをプラスして新鮮味を打ち出した「アシッド」など。

　新作づくりでは、ナッツをかんだときのこうばしさ、ムースが舌の上で溶けて広がる余韻といった「食感から生まれる香りの要素」を大切にしている。また、デザインから発想することもあるそうだ。

　実家を継いで10年ほど経ったころから「新作を出し続けねば」という力みが緩んで、今は季節にとらわれず、自分が食べたい菓子を素直につくるようになったそう。半生菓子、焼き菓子も豊富で、多様な利用動機にこたえている。

東京都中野区江原町 2-30-1
☎ 03-6914-4466
営10時〜20時
休水曜、不定休
都営大江戸線新江古田駅から徒歩2分

PATISSERIE
APLANOS

パティスリー アプラノス
（埼玉・武蔵浦和）

オーナーシェフ　朝田晋平さん

①イチゴのショートケーキ　②ブルーベリータルト
③ドミニカン　④オランジュ ショコラ レ

ホテル出身パティシエの
技術が光る、生地のおいしさ

　有名ホテルのパティスリー部門でシェフを務め、国内外のコンクールでの受賞歴も多い朝田晋平さんの店は、武蔵浦和駅から徒歩7分の住宅街にある。

　生菓子は常時30品をラインアップ。一番人気は「イチゴのショートケーキ」で、バニラの風味をプラスしたジェノワーズは、キメ細かくふんわり。ジェノワーズの間には、甘さ控えめのクレーム・シャンティイと、夏場以外は地元である埼玉県の契約農家から届く、甘ずっぱいイチゴをバランスよくサンドしている。

　同じく人気の「あさだろーる」も、生地やたっぷり巻き込まれたクリームに熟練の職人の技が生かされており、シンプルながら奥深い。

　アーモンドパウダーの代わりにマジパン・ローマッセを配合するこくと口溶けのよいビスキュイ・ダマンドを使ったケーキも特徴的。「ドミニカン」はその一例で、ホワイトチョコレートムースとレモンのクリームの風味に合わせて、レモンの風味をプラスしたビスキュイ・ダマンドを使用している。

　また、ギフト需要の高い焼き菓子も豊富で、なかでもしっとりとした口あたりのフィナンシェは、バニラ、ピスタチオ、アールグレー、エスプレッソと多様なフレーバーを用意する人気商品だ。

埼玉県さいたま市南区沼影 1-1-20
フィオレッタ武蔵野 103
☎ 048-826-5656
営 10時～19時
休 火曜

JR埼京線武蔵浦和駅から徒歩 10 分

UN GRAND PAS

アングランパ
（埼玉・さいたま新都心）

オーナーシェフ　丸岡丈二さん

①バヴァルダージュ　②オーブランタン

名店仕込みのフランス菓子と親しみやすい菓子をバランスよく

店に一歩入ると、生菓子から焼き菓子、コンフィズリー、ヴィエノワズリーまで、フランスの伝統的なパティスリーを思わせる品ぞろえに圧倒される。「アングランパ」は、「オーボンヴュータン」やフランスで修業した丸岡丈二さんが2013年10月に開業した。

丸岡さんのスペシャリテは、フランスの郷土菓子を代表する「ガトーバスク」。フランス産の小麦粉に米粉を配合したオリジナルレシピにより、力強い食感を打ち出している。常時約20品ある生菓子は「モンテリマール」のように南仏の銘菓をケーキ仕立てにしたものもあれば、自由な発想で季節を映し出すものもある。「バヴァルダージュ」は、ブラッドオレンジとヘーゼルナッツという丸岡さんのお気に入りの組合せで構成した1品。ヘーゼルナッツのダックワーズ、チョコレートムース、ほろ苦いブラッドオレンジのジュレなどがハーモニーを奏でる。

「ビスキュイオフリュイ」は同店流のショートケーキ。かみしめて味わうジェノワーズに乳脂肪分42%の生クリームのシャンティイとイチゴを重ねている。

手土産には「プティフール ドゥ ミ・セック」が人気。小さく仕立てられた端正な半生菓子が箱に並ぶ、美しい詰め合わせだ。

埼玉県さいたま市大宮区吉敷町4-187-1
☎ 048-645-4255
営 10時〜19時30分
（日曜は〜19時）
休 月曜、第1火曜

JR京浜東北線さいたま新都心駅から徒歩5分

① ②

Pâtisserie
Etienne

パティスリー エチエンヌ
（神奈川・新百合ヶ丘）

オーナーシェフ　藤本智美さん

①シリアス　②アンカ

季節限定のフルーツのスイーツや
アニマルチョコも人気の的

　新百合ヶ丘駅から徒歩8分の場所にある「エチエンヌ」は、「グランド ハイアット 東京」で製菓長を務め、クープ・デュ・モンドでも活躍した藤本智美さんが2011年にオープン。店内はピンクを配し、可愛らしい雰囲気だ。

　ショーケースを彩るのは、常時約30品のプチガトーとアントルメ。四季を通じて旬のフルーツを主役にしたものが多数そろい、夏には山梨県の農家から届くもぎたてのモモを使った商品が登場する。チョコレートケーキも多彩な顔ぶれで、そのうちの一つ「アンカ」は紅茶とミルクチョコレートを合わせた、食べるとミルクティーのような味わいの1品。「シリアス」は粉を配合しないチョコレートのビスキュイにごくやわらかいチョコレートムースを重ね、センターにトンカ豆風味のジュレ・フランボワーズを組み込んでいる。クープ・デュ・モンド2007年大会で披露した、バナナとキャラメルを合わせた「リベルテ・ソヴァージュ」も藤本さんらしい商品だ。

　藤本さんの妻でスイーツアーティストの美弥さんが手がける、表情豊かな「アニマルチョコレート」、猫の肉球をモチーフにしたクッキーやチョコレート、ケーキ「ぷにゅ」シリーズも、同店ならではのユニークな商品だ。

神奈川県川崎市麻生区万福寺6-7-13
☎ 044-455-4642
営10時〜19時
休月曜

小田急線新百合ヶ丘駅から徒歩5分

Oak Wood

オークウッド

(埼玉・春日部)

オーナーシェフ 横田秀夫さん

①トロピカルモンブラン ②ドット
※商品は季節ごとに変わります。

素材を起点にした菓子づくり。
季節ごとのモンブランも人気

横田秀夫さんが「オークウッド」をオープンしたのは2004年。フランスの田舎をイメージした戸建ての店には、週末になると400人以上のお客が訪れる。ショーケースには常時25品のプチガトーのほか、アントルメ、マカロンなどがにぎやかに並ぶ。

横田さんの菓子づくりは「今、この素材をどう生かすか」を考えることからはじまるという。たとえば「ドット」は、横田さんが気に入ったチョコレートの上品な香りと甘みを生かすために口溶けのよいムースにし、全体をやわらかくまとめるピスタチオのムースと組み合わせ、クッキーやジャンドゥーヤ、オレンジピールで食感を加えている。

いろいろなバリエーションがある「モンブラン」も同店の人気商品の一つだ。たとえば夏限定の「トロピカルモンブラン」にはホワイトチョコレートとトロピカルフルーツを合わせたクリームを使い、秋にはカボチャとミルクチョコレートのクリームを使ったバリエーションが登場する。

併設のカフェでは、イートイン限定のパフェやスフレを用意するほか、ハンバーガーやキッシュなど食べごたえ満点のランチメニューも提供する。また、菓子教室も催しており、こちらも好評だ。

埼玉県春日部市八丁目966-51
☎ 048-760-0357
㊥10時～19時、
　（カフェは～11時～18時30分／18時L.O.）
㊡水曜、火曜不定休

東武伊勢崎線・野田線春日部駅から徒歩15分

Pâtisserie
CALVA

パティスリー カルヴァ
(神奈川・大船)

オーナー・シェフパティシエ 田中二朗さん

①モカ ②I-125
③グラニー スミス ④ショコラフュージョン

街の人に喜んでもらえる菓子と
自分らしい菓子をバランスよく

　大船駅前に2009年に開業した「カルヴァ」は、兄弟それぞれが担当するパティスリーとブーランジュリーが同居する店。シェフパティシエを務めるのは、国内外の店で修業を積んだ弟の田中二朗さんだ。「生まれ育った大船の方々に親しまれる店をめざしています。そのため、ベーシックな菓子をきちんとおいしくつくり、そのうえでフランス菓子をベースにしたオリジナル菓子で、自分らしさも表現しています」(田中さん)。

　常時約20品の生菓子のうち半数はショートケーキやロールケーキなど"親しみやすい"ケーキが占め、8～9品は「アイデアが湧くたびに投入している」というオリジナル菓子だ。ワールド・ペストリー・チーム・チャンピオンシップ2014の日本代表チームキャプテンを務めるなど、数々のコンクールで活躍してきた田中さんは、コンクール用に開発したスペシャリテも商品化。「ショコラフュージョン」もその一つで、コンクールに出品したエクレアを、ひと口で甘みや酸味がバランスよく感じられるように幅2.3cmの長方形に再構築したものだ。

　店名は、兄弟が修業したノルマンディー地方のリンゴ酒にちなんだもの。リンゴを使った菓子を欠かさないのも同店の特徴だ。

神奈川県鎌倉市大船1-12-18
エミール1F
☎ 0467-45-6260
営 8時30分～20時
休 火曜、第1・3水曜
JR東海道線大船駅から徒歩5分

① ②

Pâtisserie Chocolaterie
Chant d'Oiseau

パティスリー ショコラトリー シャンドワゾー
(埼玉・川口)

オーナーシェフ　村山太一さん

①ロワイヤル　②サントノーレ キャラメル ノア

ベルギーでの修業経験を生かした魅力的なチョコレート菓子

　春はフレジエ、夏はヴェリーヌ、秋はモンブラン、またサントノレは「キャラメル ノア」や、ピスタチオ、カシスなどのバリエーションを展開するなど、季節感と素材感あふれた菓子が並ぶ。

　ベルギーでの修業経験のあるオーナーシェフ・村山太一さんのスペシャリテの一つが、アーモンド生地とバタークリームを層にした「ミゼラブル」。またチョコレート菓子も得意で、多様な商品を提案している。たとえば、「ロワイヤル」はチョコレートと紅茶を合わせた"ロイヤルミルクティー"を思わせるプチガトー。紅茶風味のビスキュイ・サン・ファリーヌを土台に、紅茶のクレーム・ブリュレ、ミルクチョコレートのガナッシュを重ねている。「チョコレートとプラスαの素材のマリアージュ」が村山さんのチョコレートケーキの考え方だ。

　2010年のオープン当初からボンボン・ショコラも看板商品の一つとして提供する。ギターで切り分けるタイプのボンボンはガナッシュそのものの味わいが主張し、美しい光沢のモールドタイプのボンボンは内外の食感のコントラストが魅力。「ライムジンジャー」や「サバランオランジュ」など、カラフルなボンボンが並ぶショーケースは圧巻だ。

埼玉県川口市幸町 1-1-26
☎ 048-255-2997
㊥ 10時～20時
　（売り切れ次第閉店）
㊡ 火曜

JR京浜東北線川口駅から徒歩10分

① ②
③ ④

BABON
PÂTISSERIE

バボン パティスリー
(神奈川・たまプラーザ)

オーナーシェフ　牧野浩之さん

①プランタニエ　②ミストラル　③ルージュ フロマージュ　④カフェリアン

スイーツ激戦区のニューフェイス。
心躍る華やかなケーキの数々

パティスリーの激戦区・横浜市青葉区。高級住宅街が広がるたまプラーザ駅前に「バボン パティスリー」はある。東京・自由ヶ丘の「モンサンクレール」勤務時代の先輩にあたる安食雄二さんがシェフを務めた「デフェール」の跡地に、牧野浩之さんが2016年3月にオープンした。常時約25品をそろえるプチガトーや焼き菓子はもちろん、商業施設の並ぶにぎやかな場所柄、サロンも併設し、イートインの多様なニーズにこたえるべくヴィエノワズリーやカフェメニューも充実させている。

店に入ってまず気づくのが、ショーケースの華やかさだ。なかでもユニークな形で目をひくのが「プランタニエ」。黄緑色のピスタチオムースの中には、タイベリーのジュレとムースが隠れている。「ルージュ フロマージュ」は、名前のとおり赤いチーズケーキ。赤い果実のシロップをアンビベしたビスキュイ・ダマンドで、フロマージュ・ブランのムースと、ソースをからめた赤い果実を包んだ。

「プチガトーは視覚的な要素も重視。加えて、『また買いたい』と思ってもらえるように、1個半食べられるくらいの甘みや量に調整しています」と牧野さん。

16席あるサロンでは、夏場はパルフェやかき氷も好評だ。

神奈川県横浜市青葉区美しが丘1-5-3
☎ 045-507-7552
㊙11時〜19時（サロンは〜18時L.O.）
㊡不定休
東急田園都市線たまプラーザ駅から徒歩3分

PÂTISSERIE
PONT DE L'ALMA

パティスリー ポンデラルマ

(横浜・中川)

オーナーシェフ 京極伸彦さん

①和み ②サントノーレ・ソレイユ
③タルト・カシス ④リリー

フランス的な生菓子も、上質なロールケーキも用意

　横浜市営地下鉄ブルーラインの中川駅から徒歩約3分の、新興住宅街の一角に立地。オーナシェフの京極伸彦さんは、日本、パリ、ルクセンブルグの名店で修業後、2013年に独立開業した。

　店内は、白とブランドカラーのペールグリーンを基調にしたデザインで、ショーケースにはショートケーキやロールケーキといった日本的な洋菓子とともに、フランスの伝統菓子をベースにしたオリジナリティあふれる生菓子や、「ラデュレ」仕込みのマカロンが並んでいる。「幅広い客層のニーズを踏まえ、この地域で求められている菓子を第一に考えながら、個性を表現していきたい」と京極さんは言う。

　生菓子はショーケース内の色合いも見て考えるそう。スペシャリテの「シャポー」は、グリーンが鮮やかなピスタチオと赤い果実のケーキ。「和み」は、抹茶とミルキーなホワイトチョコと練乳のムースの組合せ。「gokuろーる」は、厳選素材を使ったしっとりとしたスポンジ生地でクリームを巻いた「まるごと1本でも食べられそうなロールケーキ」(京極さん)だ。

　一方、「キャラメルシューラスク」などの"おやつ菓子"も人気。日々の菓子も、よそ行きの菓子もそろうパティスリーだ。

神奈川県横浜市都筑区中川1-20-18
エバーラスティング1F
☎ 045-530-9913
㊠10時～20時（土・日曜、祝日は～19時）
㊡火曜

横浜市営地下鉄ブルーライン中川駅から徒歩3分

① ②
③ ④

SWEETS garden
YUJI AJIKI

スイーツガーデン ユウジアジキ
（神奈川・北山田）

オーナーシェフ **安食雄二**さん

①パンプルムース・ライチ・ヴェリーヌ ②アナナと太陽の女王バナナ
③レモンショートケーキ ④マントショコラ・ヴェリーヌ

ユーモアとセンスにあふれた、オンリーワンのケーキが目白押し

　味に新しい発見があるだけでなく、見た目にも楽しく、個性的なケーキをつくるオーナーシェフの安食雄二さん。噴火する火山をイメージしたガトー・ショコラ「サオトボ」、チョコレートのコポーがそびえ立つ、栗のパウンドケーキとチョコレートクリームを合わせた「ジヴァラ」、長いまつ毛がお茶目なクマをかたどったアントルメ「クMAX」など、ヒット商品は枚挙にいとまがない。新作も多いときには月に4品登場する。そんなアイデアマンの安食さんは、「特別変わったことをやろうという意識はなく、むしろ王道の組み合わせのなかに自分のテイストをいかに出すかを重視しています」と話す。

　2016年夏に発表された「マントショコラ・ヴェリーヌ」は、定番のチョコレートとミントの組合せにライムをプラスし、洋ナシのジュレでまとめた1品。「レモンショートケーキ」は、「店で育てたレモンの樹の果実を使い、ひょいっとつくった」(安食さん)ところ予想外の人気になったという。

　"おやつ菓子"のカテゴリーでもスポンジ生地に生クリームとカスタードクリームを入れた「ママのおっぱい」やスフレチーズケーキの「ラ・クマのマクラ」など、楽しさにあふれた商品がそろう。

神奈川県横浜市都筑区北山田2-1-11
ベニシア1F
☎ 045-592-9093
㊁10時〜19時
㊡水曜、不定休

横浜市営地下鉄グリーンライン北山田駅から徒歩1分

Lilien Berg

リリエンベルグ

(神奈川・川崎)

オーナーシェフ 横溝春雄さん

①ハニーハント ②カウアイ
③ラフレーズ ④アンナトルテ

ウイーン菓子をベースに、夢のある菓子を展開

ウイーンの「デメル」ほか、スイス、ドイツで修業し、新宿の「中村屋」でシェフを務めたのち、1988年に「リリエンベルグ」をオープンした横溝春雄さん。新百合ヶ丘の住宅地に建つ、メルヘンの世界を再現したような店には、週末になると1000人以上のお客が足を運ぶ。

「こぶたのマドレーヌ」をはじめ、かわいいパッケージに包まれた焼き菓子はギフト商品として人気が高い。一方で素材をぜいたくに使い、閉店30分前には売り切れることも多い生菓子も、おだやかな横溝さんの人柄が味づくりに反映され、魅力にあふれている。

たとえば、日向夏と、みかんのハチミツを使ったゼリーをベイクドチーズケーキとともに、オリジナルの陶器に入れた「ハニーハント」は、ミツバチのマジパン細工とホワイトチョコのハニコムが飾られた夢のある1品。生菓子はフルーツの旬とともに季節ごとに一新する。また、ウイーン菓子をベースにしたアイテムも特徴的。搾りたてのオレンジをアンビベした香り高い「アンナトルテ」、スパイスをきかせたバウムクーヘンのような生地に、アプリコットジャムを挟み、チョコとマカダミアナッツなどで仕上げた「カウアイ」は同店ならではの商品だろう。

神奈川県川崎市麻生区上麻生4-18-17
☎ 044-966-7511
㊂10時〜18時
㊡火曜、第1・3月曜

小田急線新百合ヶ丘駅から徒歩15分

Les Temps Plus
レタンプリュス
(千葉・流山)

オーナーシェフ　熊谷治久さん

①フォレ・ノワール　②ビスキュイ フレーズ

フランス菓子を軸に商品展開。
ボンボン・ショコラも通年販売

「伝統的なフランス菓子のおいしさを伝えたい」と、東京とパリの有名店で修行した熊谷治久さんが「レタンプリュス」を開業したのは2012年。フランス伝統菓子を中心に、要望の多いショートケーキも「ビスキュイ フレーズ」として用意し約25品のプチガトーを提供する。「ビスキュイ フレーズ」は乳脂肪分42％の生クリームにイチゴのピュレを加えたクレーム・シャンティイを、クレーム・パティシエーエルを薄くぬったジェノワーズで挟んだ1品だ。

ミルフィーユやシュー・パリジャンといったフランス定番菓子の人気が高い一方で、クラシカルな菓子をモダンにアレンジした商品も季節ごとに販売し、好評を得ている。たとえば「フォレ・ノワール」は、グリオットチェリーと相性のよいベリー系の酸味をもつチョコレートと、ムースに使うプラリネと相性がよいチョコレートをブレンドして使用している。

また、ナッツ、キャラメル、オレンジの生菓子「カカウェット」のように、地元・千葉県産のピーナッツを使用したものもある。15年からはボンボン・ショコラの通年販売をスタート。ゴマが主役の「セザム」をはじめ、自家製プラリネを使った商品などが人気だ。

千葉県流山市東初石6-185-1
エルビス1F
☎ 04-7152-3450
⏰ 9時〜20時
㊡ 水曜、第1・3火曜

つくばエクスプレス線・東武野田線流山おおたかの森駅から徒歩4分

① ②
③ ④

pâtisserie
accueil

パティスリー アクイユ
（大阪・北堀江）

オーナーシェフ　川西康文さん

①ポミエル　②マントン　③ニュイ　④ノクチュルヌ

フランスの定番菓子を
チョコレートの魅力とともに提案

　大阪・心斎橋からほど近いオフィス街に、2014年6月にオープンした「パティスリー アクイユ」。オーナーシェフの川西康文さんは、「フランシーズ」や「なかたに亭」など大阪府内のパティスリーで計約15年間修業した。

　チョコレートのイメージの強い修業先の「なかたに亭」の影響が大きく、そこで培われたチョコレートの技術は自身の店での菓子づくりにも存分に生かされている。常時約16品を用意するプチガトーは、フランスの定番菓子に加え、チョコレートを使ったアイテムが目立つ。

　チョコレートはさまざまな素材との相性がよいが、川西さんがとくに好きな組合せは、柑橘類とのコンビネーション。ベリー類と比べると、酸味だけでなくほどよい苦みがあるところが柑橘類の特徴であり、魅力なのだという。またフレッシュの果物を自店で加工して使用することにもこだわる。「自然な香りと味わいを表現したい」（川西さん）との考えからだ。

　しっかりと焼き込んだ菓子も好みだそうで、タルト・タタンやタルト・シトロンをチョコレートを使ってアレンジした商品も考案。今後も、クラシックなフランス菓子をチョコレートを使ってアレンジした新作を開発していく予定だ。

大阪府大阪市西区北堀江
1-17-18-102
☎ 06-6533-2313
㊠10時～20時
　（月曜は～19時）
㊡火曜

地下鉄長堀鶴見緑地線西大橋駅から徒歩1分

acidracines

アシッドラシーヌ
（大阪・天満橋）

オーナーシェフ 橋本 太 さん

①ポンパノ ②キャンブリア
③パドロン ④タルトフランボワーズドロンズ

自分が"今"感じていることを大切にし、商品開発に生かす

　オフィス街と住居ビルが混在する天満橋エリアに、2013年3月にオープンした「アシッドラシーヌ」。「フランスの菓子屋をテーマに、普遍性があり、お客さまに日常的に安心感をもって利用いただける品ぞろえをめざしています」と語るオーナーシェフの橋本太さんは、「ヒロコーヒー」、北海道の「ウィンザーホテル洞爺」に勤務。その後、フランスでの研修などを経て、2007年に「ケ・モンテベロ」のシェフパティシエに就任。13年に独立開業を果たした。

　プチガトーは常時10品強で、毎月1〜2品の新作が登場する。橋本さんにとって新作づくりは、"技術や表現の幅を広げる試み"。「お客さまに食べさせたいのは、素材そのものではなく、素材を加工した菓子。素材を再構築するところに菓子づくりの醍醐味があるんです。ですから商品開発は、素材ありきではなく、あくまで技術や表現方法ありきです」と語る。

　また、独立開業当初に比べて肩の力が抜け、食べ手の視点にも立った商品開発ができるようになってきたそうだ。「おいしさの表現は時代によって変わるもの。今、自分が感じていることを大切にし、この店にまだない新たな表現を模索し続けていきたいですね」と橋本さんは語る。

大阪府大阪市中央区内平野町1-4-6
☎ 06-7165-3495
㊙11時〜20時
㊡水曜、第1・3・5木曜（変動あり）

地下鉄谷町線天満橋駅から徒歩6分

Pâtisserie
a terre

パティスリー ア・テール
（大阪・池田）

オーナーシェフ　新井和碩さん

①ピエモン　②プレジール　③フォレノワール　④マールカシス

味の組合せや構成はシンプルに。
チョコの多彩な魅力を発信

　大阪北西部の池田市に、2012年11月に開業したフランス菓子店。オーナーシェフの新井和碩さんは、「チョコレートの多彩な魅力を発信したい」と、約16品をラインアップするプチガトーでは、とくにチョコレートを主役にしたバリエーションを充実させている。

　新井さんが菓子づくりで意識するのは、味の組合せや構成をシンプルにすること。たとえば、「マールカシス」は、カシスとマール、チョコレートが主役のプチガトー。甘ずっぱいカシスと芳醇でおだやかな甘みのマールに、華やかな酸味をもつチョコレートが見事に調和する。主役となる味を2～3種類に絞ることで、それぞれの素材を引き立てつつ、絶妙なバランスで調和を図っている。

　また、菓子に使用するクーベルチュールは、カカオの産地や品種など個性のはっきりしたものを中心にセレクトしており、ブレンドして使用することも。栗とコーヒーを組み合わせた濃厚な味わいの「ピエモン」は、2種類のクーベルチュールで仕立てたクレーム・ショコラ・プラリネを上面に絞り、カカオ感たっぷりの味わいとまろやかな口あたりを演出している。なお、プチガトーだけでなく、ボンボン・ショコラのバリエーションも豊富にそろう。

大阪府池田市城南 1-2-3
☎ 072-748-1010
営 10時～19時
休 水曜

阪急宝塚線池田駅から徒歩3分

① ②
③ ④

PÂTISSERIE.S

パティスリー エス
（京都・四条烏丸）

オーナーシェフ　中元修平さん

①アメール　②ジェロ
③オリエント　④リッシュ・ブラン

味わいの「起承転結」を意識し、「組合せの妙」を表現

　オーナーシェフの中元修平さんは、レストランに勤めたのち、師と仰ぐ杉野英実さんの「イデミスギノ」に勤務。その後、ベーカリー、ホテル、欧州遊学を経て2009年2月に「パティスリー エス」を開業した。2年目からはシェフの修平さんが製造、妻の薫さんが商品開発を担う分業制をとっている。

　薫さんの発想のフローはこうだ。まず主素材を定め、主素材との相性を考えて副素材を選定する。続いて「味わいに『起承転結』をもたせることを意識しながら」（薫さん）、主素材と副素材とのバランスや、口の中でどれくらいとどまらせるかを考慮して、ムースやクリームといったパーツをチョイス。こうした作業をとおして、「組合せの妙」を感じさせるプチガトーをめざしている。「構成要素が多く、素材は"足し算"ですが、味は"引き算に近い発想"」だそうだ。

　一方、修平さんは、薫さんが描く味のイメージを商品に落とし込む作業を担い、技術面からのアプローチで薫さんのイメージを形にしていく。ここで重要なのは、食感や味の出し方、材料の選び方だという。また、「あえて複雑な構成に挑戦し、それを調和させることで新しいバランスの菓子として表現したい」と修平さんは話す。

京都府京都市下京区高辻通室町西入繁昌町300-1
カノン室町四条1F
☎075-361-5521
営11時〜19時
休木曜、水曜不定休

地下鉄烏丸線四条駅から徒歩5分

PATISSIER
eS KOYAMA

パティシエ エス コヤマ
（兵庫・三田）

オーナーシェフ　小山 進さん

①プレミアムバウムクーヘン　②小山ロール
③養老牛 プレミアム小山ぷりん　④プレミアムフィナンシェ　⑤小山チーズ

※ボンボン・ショコラは、サロン・デュ・ショコラ・パリでの受賞した商品などになります。

贈る人も贈られる人も胸踊る、
定番を磨き上げたプレミアムな菓子

　パティスリーやショコラトリーなどの複数の店舗を擁する兵庫・三田の「パティシエ エス コヤマ」は、連日行列ができる人気店。オーナーシェフの小山進さんは兵庫・神戸の洋菓子店での修業を経て、2003年に同店をオープンした。「長い行列に耐えた苦労も、ギフトを贈る人への自慢話になる」、そう考えるお客も少なくない。「商品がおいしいのは当り前の時代。ギフトにとって、味以外に"自慢できる"要素があることは大切です」と小山さんは話す。

　数々のチョコレート大会での受賞歴を有する小山さんだけに、ボンボン・ショコラは人気のギフト商品で、毎年新作を多数発表。14年には予約販売限定の「プレミアムシリーズ」も展開した。新しいアイデアを積極的に取り入れる同店だが、じつは商品構成の5〜6割を占めるのは定番商品。「いつでもあの味がある」という安心感は、食べものを扱う店には重要だと考えるからだ。

　「商品、パッケージ、リーフレット、店舗空間、接客のすべてにおいて、『すごいやろ！』と胸を張れるようなものづくりを続けることで、お客さまにも『このお菓子、すごいでしょ！』と相手の方に贈っていただけたらうれしいですね」と小山さんは語る。

兵庫県三田市ゆりのき台5-32-1
☎ 079-564-3192
(営)10時〜18時
(休)水曜（祝日の場合は営業、翌木曜休）
神戸電鉄ウッディタウン中央駅から徒歩15分

① ②

PÂTISSERIE
étonné

エトネ

(兵庫・芦屋)

オーナーシェフ 多田征二さん

①ランブラス ②オクマレ

不要な要素を引いたシンプルな設計で、上質な味を生み出す

「歳を重ねた自分が今できる、不要な要素を引いた菓子をつくりたい」という思いをもち、2016年7月に「パティスリー エトネ」を開業した多田征二さん。多田さんは、「ホテル阪急インターナショナル」を経て98年に渡仏。リヨンのレストランや「ラデュレ」などに勤め、帰国後は「神戸北野ホテル」が展開する「イグレックプリュス」の製菓長として長年活躍した。

プチガトーは、シュークリームなどの定番を中心に15品ほどを用意。商品開発では、まず主素材や形をイメージ。「合わせるのは風味のトーンが同じ素材。味の要素は3つまで」というのが、多田さんの菓子づくりの基本だ。

「チョコレートは誰もが大好きな素材」（多田さん）と、通年で常時5品ほどはチョコレートのプチガトーを用意するのも特徴の一つ。「チョコレートは膨大な種類が流通し、味の個性を楽しむ時代にあります。そうした流れのなかにあって、チョコレートの香りを邪魔しがちな卵を合わせてよいのか。一方で、卵を使わない菓子はどこかもの足りません。そうした点も考えるから、よりよい菓子づくりに努めています」と語る。手土産菓子でもチョコレートを使って個性的な商品を開発。抹茶のガトー・ショコラが人気を博している。

兵庫県芦屋市大桝町 5-21
☎ 0797-62-6316
営 10 時〜19 時
休 火曜

阪神本線芦屋駅から徒歩 5 分

M-Boutique
OSAKA MARRIOTT MIYAKO HOTEL

エム-ブティック／大阪マリオット都ホテル
（大阪・阿倍野）

飲料部ペストリー料理長　赤崎哲朗さん

①デリスエキゾチック　②アグロドルチェ

ホテル品質の"食べ手に伝わる菓子"。
舟形で仕込むケイクも評判

　日本一の超高層複合ビル「あべのハルカス」のオープンとともに、2014年3月に開業した「大阪マリオット都ホテル」。飲料部ペストリー料理長を務める赤崎哲朗さんは、「名古屋マリオットアソシアホテル」などを経て、同ホテルに入社。2013年のクープ・デュ・モンド・ドゥ・ラ・パティスリーに日本代表として選出され、準優勝に輝いた実績を有する。

　「新作づくりでは、まずつくりたい味をイメージし、そこをゴールに設定。今までの経験や知識を総動員し、試作を重ねてルセットに落とし込みます。素材を無駄にせず、原価や作業効率を考えることも重要です」と赤崎さん。

　一方で、非日常の空間を提供するホテルならではの工夫も大切だという。ドリンクと合わせることを前提に、繊細ながらもしっかりとした味わいに仕上げ、また高級感のある見た目にもこだわる。

　手土産として人気を博している、オリジナルの舟形で仕込むケイクは常時10品をラインアップ。いずれも、奇をてらわず、菓子のテーマが伝わりやすいシンプルなデコレーションと味わいに仕立てている。「菓子づくりは引き算が大切。無駄はそぎ落とし、"食べ手に伝わる"菓子にしたい」というのが赤崎さんのモットーだ。

大阪市阿倍野区阿倍野筋1-1-43
大阪マリオット都ホテル 19F
☎ 06-6628-6111
🕙 10時～20時
㊡ 無休

JR大阪環状線天王寺駅隣接

① ②
③ ④

Salon de The
AU GRENIER D'OR

サロン・ド・テ オ・グルニエ・ドール

(京都・烏丸)

オーナーシェフ　西原金蔵さん

①ピラミッド　②リンゴ畑　③洋なし畑　④木の実のタルト

フランス料理界の巨匠に師事。
感性を磨いて挑む菓子づくり

　フランス料理界の巨匠といわれた故アラン・シャペル氏に師事したオーナーシェフの西原金蔵さんは、「神戸ポートピアホテル」の「アラン・シャペル」などで研鑽を積み、1987年にフランス・ミヨネー本店のシェフパティシエに就任。「ホテルオークラ神戸」、「資生堂パーラー」を経て、2001年に「オ・グルニエ・ドール」を開業。ほどなくして菓子教室も新設し、さらに10年には菓子教室の隣の町屋を改装して「サロン・ド・テオ・グルニエ・ドール」をオープンした。

　感性とイメージでひと皿を生み出すシャペル氏の姿勢を踏襲し、既成概念やルセットにとらわれない菓子づくりをモットーとする西原さん。「シャペルさんのメニューづくりは思い出話からはじまりました。イメージを膨らませ、既成概念を打ち破ってでも、そのイメージをかたちにする。菓子づくりにもっとも大切なのは豊かな感性。味づくりでは、素材の目利き、次いでテクニックが必要だと思いますが、いずれも豊かな感性なくしては極められるものではありません」と語る。

　夕日に照らされたルーヴル美術館のピラミッドに感動して考案したという代表作の「ピラミッド」は、まさにイメージを豊かな感性でかたちにした1品だ。

京都府京都市中京区堺町通
錦小路上ル菊屋町 519-1
☎ 075-468-8625
営 11 時〜19 時
休 水曜、火・木曜不定休

阪急京都線烏丸駅から徒歩 3 分

① ②
③ ④

grains de vanille

グラン・ヴァニーユ
（京都・烏丸御池）

オーナーシェフ　津田励祐さん

①プラリネカシス　②フローラル　③トリニテ　④ユニック

主素材は2種類に絞り、シンプルなおいしさを追求

　京都御所からほど近い、京都市内中心地に、2011年2月に開業した「グラン・ヴァニーユ」。オーナーシェフの津田励祐さんは、兵庫・神戸の「パティシエ イデミ スギノ」を経て渡仏し、「ピエール・エルメ・パリ」などで修業。帰国後、兵庫から東京・京橋に移転した「イデミスギノ」などを経て、独立開業を果たした。

　「新作づくりでは季節感を大切にしています」と津田さん。そのときどきに感じる天候や気温などで変わる自身の気分によって、食べたいものをつくるのだという。

　また、発想の源の多くは、新たに出合った素材。主素材を決めたら、まず考えるのが、「どのように食べてもらえば、お客さまに素材の魅力が伝わりやすいか」ということ。基本的にメインの素材は2種類にとどめ、軽さと重さのバランスや食べ終えたときの味の余韻のイメージから構成を決める。

　「私のフランス修業時代に一世を風靡したのは、素材も製法も新しい"奇をてらった菓子"でしたが、当時も今も不動の人気を保っているのは伝統菓子。フランスでそれを感じ、以来、シンプルなおいしさを追求するようになりました。主役となる素材の風味を強調し、それを引き立てる素材の組合せを意識しています」と語る。

京都府京都市中京区鍵屋町間之町通486
☎ 075-241-7726
営 10時30分〜18時
休 水曜、第2・第4火曜

地下鉄烏丸線・東西線烏丸御池駅から徒歩4分

① ②

CHOCOLATERIE PATISSERIE SOLILITE

ショコラトリ・パティスリ ソリリテ
（大阪・江戸堀）

オーナーシェフ 橋本史明さん

①タンザニア ②イヴ

プチガトーはほぼすべてチョコ系。
適材適所のチョコ使いが光る

　オーナーシェフの橋本史明さんは、大阪の「なかたに亭」で2年間学んだのち、東京の「オリジーヌ・カカオ」で3年間修業。その後大阪に戻り、ふたたび「なかたに亭」に入店。ショコラティエとして7年間勤め、「ショコラトリ・パティスリ ソリリテ」を大阪・江戸堀に2015年11月に開業した。

　同店のプチガトーの方向性は、チョコレートのテロワールを表現するものと、主素材と副素材をチョコレートでつないで調和させるものの2つに大きく分けられる。

　前者にはダークチョコレートを用いることが多く、一方、素材の味の調和を志向する後者には、おもにミルクチョコレートやホワイトチョコレートを使用する。ただし、いずれの方向性においても、何を食べたかがきちんとわかるように、味の要素は3つまでに絞り込むのがポイントだという。

　「どんな素材とも相性がよく、思いどおりのテクスチャーを表現でき、味と香りに無数のバリエーションがある点が、チョコレートの面白さです」と橋本さん。味づくりのテーマは「口溶けとキレのよさ」だそうだ。13品ほど用意するプチガトーはほぼすべてチョコ系。このほか、ボンボン・ショコラ10品をはじめ、多様なチョコレート菓子をそろえている。

大阪府大阪市西区江戸堀2-2-5
☎ 06-4980-8518
営 10時〜19時
休 火曜

地下鉄四つ橋線肥後橋駅から徒歩11分

Nakatanitei

なかたに亭
（大阪・上本町）

オーナーシェフ　**中谷哲哉**さん

①アリバ　②ポアール・オ・ショコラ・ノアゼット

チョコレートの源流を追い、近年はBean to Barにも注目

オーナーシェフの中谷哲哉さんは、大阪の「インナートリップ」で修業。1984年に渡仏して研鑽を積み、帰国後、フランス料理店に勤めたのち87年に「なかたに亭」をオープンした。97年と2011年にリニューアルし、時代とともに進化を続けている。

ヴァローナ「カライブ」を主役にした定番生菓子「カライブ」をはじめ、多様なチョコレート菓子をそろえる同店。生菓子でのダークチョコレートの使い方として特徴的なのは、複数のチョコレートをブレンドせず、単一のチョコレートで菓子の味を完成させることだ。「アリバ」はさらに一歩踏み込んだ商品で、クーベルチュールではなく、砂糖や油脂などの混ぜものをしていないカカオマス100%の「アリバ」を使用する。

ミルクチョコレートの生菓子では、季節の素材とのマリアージュを提案するのが基本。またホワイトチョコレートの場合は、ジンやラム、ショウガ、バニラ、スパイスなどの風味を組合わせ、カカオバターの独特の風味をマスキングするのが定番の手法だそうだ。

一方で、タブレットの開発や、自家焙煎カカオ入りの商品にもチャレンジ。「素材をもっと打ち出そう」という姿勢は、生菓子の考え方にも大いに波及している。

大阪府大阪市天王寺区上本町6-6-27 中川ビル1F
☎ 06-6773-5240
⊕ 10時〜19時
㊡ 月曜、第3火曜
近鉄難波線大阪上本町駅から徒歩2分

① ②
③ ④

Pâtisserie
montplus

パティスリー モンプリュ
（兵庫・神戸）

オーナーシェフ　林 周平さん

①オペラ　②ガトー・オー・フレーズ
③ミルフィーユ　④タルトフロマージュ

フランスの文化を技術で体現。
存在感のある生地をつくる

　オーナーシェフの林周平さんは、1989年に渡仏し、「ホテル・ニッコー・ド・パリ」、「ジャン・ミエ」で修業。帰国後は「ホテル阪急インターナショナル」、「御影高杉」などの製菓長として活躍。そして洋菓子文化がいちはやく届いた神戸の街に2005年12月「パティスリー モンプリュ」をオープンした。

　林さんにとってフランス菓子とは、「個々のパーツは、主張があって攻撃的。それでいてメインの素材がちゃんと引き立ち、パーツどうしの一体感もある菓子」。そのため、「生地にも準主役級の存在感があるべき」という。

　「クラシックな菓子には、つくられている地域の歴史や特性が反映されており、理屈に合ったルセットがあります。私は、そうした伝統菓子をつくりこなして初めて、オリジナリティを加えたアレンジ菓子ができると考え、日々菓子をつくり続けています」と話す林さん。

　いつしか名づけられた呼び名が「メレンゲの魔術師」。適度な弾力のあるなめらかなクリームをつくるとき、サクッと軽い生地に仕上げるときなど、さまざまなシチュエーションでメレンゲを効果的に使っている。魅力的な口あたりや食感を生み出す高い技術が、魔術師と呼ばれるゆえんだ。

兵庫県神戸市中央区海岸通 3-1-17
☎ 078-321-1048
営 10時～19時
休 火曜

地下鉄海岸線みなと元町駅から徒歩3分

① ②
③ ④

PÂTISSERIE LACROIX

パティスリー ラクロワ
(兵庫・伊丹)

オーナーシェフ 山川大介さん

①ヴェルサイユ ②テ・ヴェール
③エリッソン ④ビュイドール

シンプルでいて、色気と気品を感じさせる菓子を追求

オーナーシェフの山川大介さんは、「なかたに亭」を経て渡仏。帰国後、「レピキュリアン」、「ラブティック ドゥ ジョエル・ロブション」を経て独立し、伊丹駅から徒歩3分の酒蔵通りの一角に2011年9月に「パティスリー ラ クロワ」をオープンした。

めざしているのは、シンプルでいて、色気と気品のある菓子。ショーケースには色彩豊かで個性的なプチガトーが17品前後並び、そのほとんどが定番で、新作は不定期で登場する。新作づくりは季節ごとではなく、素材と出合ったタイミング次第だそう。素材から発想を広げていくため、店の特徴を理解したうえで素材を紹介してくれる業者の存在は貴重だという。

また、山川さんが菓子づくりのポイントに挙げるのが、甘み、酸味、生地の重さのバランス。加えて、「何を食べたかがはっきりとわかるように」と、主要なパーツは3種類にとどめ、主素材を明確に打ち出すのも山川さんの菓子づくりのルールだ。

色彩やデザインも重視し、素材を選ぶ際は色にも気を配る。デザインは菓子のコンセプトと同様、シンプルで気品のある見た目を意識。「おいしいケーキをどこまで美しく見せられるか」という山川さんの熱意が菓子に詰まっている。

兵庫県伊丹市伊丹 2-2-18
☎ 072-747-8164
営 11 時～19 時
　（売り切れ次第閉店）
休 月・火曜

JR 福知山線 伊丹駅から徒歩 3 分

① ②

Pâtisserie
Liergues

パティスリー・リエルグ

（大阪・東大阪）

オーナーシェフ　小森理江さん

①ルネートル　②アルデッシュ

しっかりと焼き込んだ個性派生地で
骨太なフランス菓子を表現

　2008年11月に開業した「パティスリー・リエルグ」。オーナーシェフの小森理江さんは、フランス・リヨンで修業後、東京・巣鴨「フレンチパウンドハウス」、大阪・泉佐野「シャルル フレーデル」で研鑽を積んだ。

　小森さんがめざすのは、素材の風味をしっかりと感じさせる、濃厚で味わい深いフランス菓子。「軽やかなムースよりも重厚感のあるバタークリームのほうが好みですし、しっかりと焼き込んだタルトや焼き菓子などの"生地もの"も大好きです。」と語る。その言葉どおり、生菓子でも生地を主役にした商品が多く、生菓子に組み込む場合は、生地だけでもおいしいことを大前提に、風味や食感を打ち出しながら、全体の調和を図る。

　また、生地に汎用性はあまり求めず、合わせるパーツの風味や食感によって配合を変えたり、素材を加えたりしているそうだ。「その方が自由度が高くて面白く、考えやすい」（小森さん）という。

　生地が発想の源となって新作が生まれることもある。「アルデッシュ」は、焼いたクレーム・フランジパーヌを使いたいと考案した1品。水分量を上げ、口溶けのよい食感を打ち出した。12品前後を用意する小さなタルトも、生地の魅力がギュッと詰まった商品だ。

大阪府東大阪市玉串町東 3-1-11
☎ 072-973-7194
🕙 10 時〜19 時
㊡ 不定休
近鉄奈良線東花園駅から徒歩 12 分

Pâtisserie
Rechercher

パティスリー ルシェルシェ
（大阪・南堀江）

オーナーシェフ　村田義武さん

①ミミ　②レミー マルタン
③ショック・ジャンジャンブル　④ジャポネスク

食べ手を刺激する、挑戦的、攻撃的なスイーツも魅力

　大阪・南堀江の閑静な住宅街に2011年1月に開業した「パティスリー ルシェルシェ」。オーナーシェフの村田義武さんは、「なかたに亭」や、東京、横浜のパティスリーで修業。その後、ふたたびなかたに亭に戻り、スーシェフを7年間務めたのち、独立開業した。

　約20品のプチガトーは、フランスの伝統菓子のほか、村田さんが得意とするチョコレートを使ったオリジナル商品が4～5割を占めており、"チョコレートが売りの店"というイメージが定着。新しいイメージをつくるべく、フルーツの酸味をうまく生かした商品づくりにも取り組んでいる。

　「挑戦的、攻撃的な菓子が増えてきましたね」と村田さん。「お客さまのなかには、刺激を求めている方もいると思うんです。だからオリジナルの菓子は、僕なりにどこかとんがった要素をプラスし、印象的なものにしたいと考えています」と話す。

　素材選びや素材の組合せで驚きを与えるほかにも、多様な手法でオリジナリティを表現し、印象に残る菓子づくりを体現している。たとえば、「ミミ」や「ジャポネスク」はそれぞれ同系色のパーツを主体に構成。しかし口に入れると多彩な風味や食感が楽しめるという、ギャップのある仕立てだ。

大阪府大阪市西区南堀江4-5 B101
☎ 06-6535-0870
営10時～19時
休火曜、不定休

阪神線桜川駅から徒歩3分

Tokyo Patisserie Guide

Addict au Sucre

アディクト オ シュクル（東京・都立大学）

オーナーシェフ 石井英美さん

パティシエールが磨き上げる、正統派フランス菓子

　2014年4月にオープンした「アディクト オ シュクル」。「砂糖（甘いもの）中毒」を意味する店名は、オーナーシェフの石井英美さん自身が突き動かされた「食べた人を幸せにする」スイーツへのオマージュと、「あの店のあれが食べたい！」と思わせる商品をつくるという菓子づくりへの情熱を反映したものだ。

　石井さんは、「アテスウェイ」、「ヴィロン」、「ラデュレ」で研鑽を積み、ラデュレではマカロンの製造責任者を務めた経歴のもち主。コンクリートに鮮やかな赤が映える自身の店では、ヴィエノワズリー5〜10品、タルト、ババ、オペラなどの生菓子12〜13品と、正統派フランス菓子を中心にラインアップ。1品1品がシンプルで、素材を吟味し、製法や構成を追求してつくられており、その完成度の高さに多くのファンが魅了されている。

　たとえば、「タルト オ シトロン シトロン・ヴェール」は、レモンとライムの鋭い酸味や香りを生かすため、あえてメレンゲを添えないシンプルなスタイルに仕立てている。一方、ヴィエノワズリーも人気が高く、なかでもチョコレートがたっぷりと入った「パン・オ・ショコラ」や「クロワッサン」などは売り切れ必至のアイテムだ。

東京都目黒区八雲1-10-6
☎ 03-6421-1049
🕙 10時〜19時
㊡ 火曜（祝日の場合は営業）、水曜不定休

東急東横線都立大学駅から徒歩5分

La Pâtisserie
IL PLEUT SUR LA SEINE

ラ・パティスリー イル・プルー・シュル・ラ・セーヌ（東京・代官山）

オーナーシェフ　弓田 亨さん

フランス菓子の多様性と多重性が顧客の心をつかむ

1986年の開業以来、一貫して「フランスで食べたままの、感動を伝えるフランス菓子」を追求。「フランス菓子のもつ多様性と多重性」（オーナーシェフ・弓田亨さん）をコンセプトに、香りや食感、味わいといった要素が幾十にも重なり合ったケーキを生み出している。

プチガトーは約25品。なかでも「オレンジのショートケーキ」は、長年、一番人気の商品だ。「日本でパティスリーを経営するなら、はずせない」と、本来、フランス菓子にはないショートケーキを、クリーム、ソフトな生地、フルーツという基本要素はそのままに、各パーツを緻密に計算して構成し直し、商品化した。鮮烈なオレンジの香りが印象的だ。なお、イチゴがおいしい時季はオレンジをイチゴに替えて「イチゴのショートケーキ」を販売する。

また、スペイン・カタルーニャ地方レリダ産のアーモンド（マルコナ種）を使用したダックワーズなどの焼き菓子も、開業当初から愛されている商品だ。パティスリーには、ヴィエノワズリーやトレトゥールも並び、イートイン6席、オープンテラス12席も設置。パティスリーの向かいには弓田さんが主宰する菓子教室や、材料・器具を扱うエピスリーもある。

東京都渋谷区猿楽町17-16
代官山フォーラム2F
☎ 03-3476-5211（パティスリー）
⊛11時30分～19時30分
㊡火曜（祝日の場合は営業、翌水曜休）

東急東横線代官山駅から徒歩8分

pâtisserie Sadaharu AOKI paris

パティスリー・サダハル・アオキ・パリ（東京・丸の内）

オーナーシェフ　青木定治さん

菓子づくりは"素材ありき"。
シンプルななかに個性も表現

　単身パリに乗り込んで15年以上。青木定治さんは現在、6区のサンジェルマンにある1号店を含めてパリに4店舗、日本には東京・丸の内の店舗を含む5店舗のパティスリーを展開している。青木さんの菓子づくりは、素材ありき。つくりたい菓子を決めてから素材を探すのではなく、市場や産地に出向き、食材を見てつくりたい菓子を発想するのだという。「シンプルであることを心がけ、食材の本質的なおいしさを損なうことなく生かす、すし店のような菓子づくりが理想」と青木さん。

　プチガトーは「アンディビジュアル」と呼ばれる細身の長方形をしている。ショーケースに並んだときの美しさを踏まえて考えられたフォルムだ。フランス人をうならせた抹茶のオペラ「バンブー」や「エクレール マッチャ」、レモンの酸味がさわやかな「チーズケーク シトロネ」が定番だ。

　フランスのサロン・デュ・ショコラ内の品評会で6年連続、最高位を受賞しているチョコレート菓子も個性派ぞろい。イタリアのドモーリ社のチョコレートを使い、女性の化粧パレットをイメージしたボンボン・ショコラや、マカロンをチョコレートでくるんだ「ショコロン」など、同店ならではの商品を提案している。

東京都千代田区丸の内3-4-1
新国際ビル1F
☎ 03-5293-2800
営11時～20時、
　（サロンは～19時45分／19時L.O.）
休不定休

JR山手線有楽町駅から徒歩2分

Sucre-rie

シュークリー 神田店（東京・神田）

オーナーシェフ **佐藤 均**さん

1日400個限定の独創的な
シュークリームに行列ができる

　オーナーシェフは、ベルギーやルクセンブルクで経験を積んだ佐藤均さん。店名の「シュークリー」は、フランス語で甘いものを意味し、その名前から連想されるとおり、シュークリームが同店の売れ筋商品になっている。9時30分、12時、17時の1日3回、計400個の限定販売としており、販売時間前になると行列ができるほどの人気ぶりだ。

　シュークリームには、コーンスターチを使ったねっとりとした舌ざわりのカスタードクリームにクレーム・フエッテを合わせて軽さを出したクリームが、ぎっしりと詰まっている。白と黒のゴマのチュイルを絞った生地も独創的で、こうばしく、サクサクとした歯ざわりが楽しめる。

　商品は、プチガトー20品、焼き菓子20品のほか、マカロンなどの半生菓子やボンボン・ショコラ、ゼリーなども用意。ビジネス街ということもあり、ギフト向けの焼き菓子の詰合せも好評で、詰合せは箱のサイズや価格帯も充実している。店内はピスタチオグリーンを主体としたシンプルなデザインで、男性も入りやすい。

　東京・人形町にも支店があり、シュークリームが人気の点では同じだが、プチガトーは各店でオリジナル商品を展開している。

東京都千代田区内神田 1-15-11
千代田西井ビル 1F
☎ 03-5283-7787
🕘 9 時 30 分～19 時
㊡ 日曜

都営新宿線小川町駅から徒歩 7 分

PÂTISSIER
JUN HONMA

パティシエ ジュン ホンマ 吉祥寺店（東京・吉祥寺）

オーナーシェフ **本間 淳**さん

地域に寄り添いながら、長く愛される菓子づくり

　2011年8月に、吉祥寺の井の頭通り沿いに開業した「パティシエ ジュン ホンマ」。オーナーシェフは、「ホテル西洋銀座」などで修業したのち、フランス、ベルギーで約3年間研鑽を積み、帰国後は東京・市ヶ谷の「シェ・シーマ」などでシェフを務めた本間淳さん。現在は高円寺にも支店を構える。

　商品は、プチガトー約20品や焼き菓子約30品などを用意。なかには、「シェ・シーマ」時代からつくり続ける生菓子もある。スペシャリテは、濃厚なチョコレートの味を打ち出した「パリマッチ」。また、ふんわりと軽いチーズムースに、ラズベリーソースに浸したスポンジ生地をしのばせた「クレームダンジュ」なども、長く愛されている商品の一つだ。

　吉祥寺店限定で販売している「大吉シュー」も人気商品。グラニュー糖をふってじっくりと焼いた生地には、クレーム・ディプロマットがたっぷりと詰まっている。定番商品を充実させる一方で、新商品開発にもつねに取り組んでいる本間さん。人材の育成にも意欲的で、「スタッフには、驚きや感動を与えられる菓子をつくることが、僕たちパティシエの使命だと伝えています」と語る。菓子づくりへの情熱と温かい雰囲気が伝わるパティスリーだ。

東京都武蔵野市吉祥寺本町3-4-11
WINDS GALLERY 1F
☎ 0422-27-5444
営 10時～19時30分
休 不定休

JR中央線・京王井の頭線吉祥寺駅から徒歩6分

Passion de Rose

パッション ドゥ ローズ（東京・白金高輪）

オーナーシェフ　**田中貴士**さん

フランスの伝統菓子と、モダンな創作菓子の2本柱

　東京・白金高輪に2013年4月にオープンした「パッション ドゥ ローズ」（17年4月に同エリア内で移動リニューアル）。オーナーシェフは、アラン・デュカスがプロデュースするレストラン「ブノワ」でシェフパティシエを務めた田中貴士さんだ。店内は、アールヌーボー調の意匠を取り入れ、赤をテーマカラーにしたインパクトのあるデザイン。「フランス人がおいしいと感じるフランス菓子」を商品コンセプトに、「現地そのままの色、形、味の菓子」（田中さん）の提供をめざしている。

　生菓子は約30品で、タルト・ショコラの上にフランボワーズをバラの花の形に絞った「ローズ」や、パッションフルーツが主役の「パッション」などのモダンな創作菓子と、ミルフィーユ、サバラン、オペラといった定番菓子のほかに、"フランスの地方"をテーマにしたアイテムを月替わりで12～13品用意している。焼き菓子約30品も、マドレーヌやケイクなどの定番菓子に加え、毎月のテーマに沿った郷土菓子をラインアップ。また、「つくりたてのおいしさ」へのこだわりも強く、注文を受けてから仕上げる「シュー ア ラ クレーム」や「ミルフィーユ」などは、売り切れ必至の人気商品になっている。

東京港区白金1-13-12 1F
☎ 03-5422-7664
営 10時～19時
休 火曜

都営三田線・東京メトロ南北線白金高輪駅から徒歩1分

pâtissier
Hiro Yamamoto
パティシエ ヒロ・ヤマモト（東京・篠崎）

オーナーシェフ　山本浩泰さん

花やフルーツをあしらった
ケーキで華やかさを演出

　下町の風情が残る東京都江戸川区に、2011年1月にオープンしたパティスリー。篠崎駅から徒歩5分の場所に立地する。オーナーシェフの山本浩泰さんは、「ピエール・エルメ・パリ」などで研鑽を積み、フランスで開催されたコンクールで受賞歴もある実力者だ。

　店内は、淡いピンク色をテーマカラーにしたスタイリッシュな空間で、イートインスペース（2卓4席）も設けている。

　商品構成は幅広く、プチガトー約25品のほか、マカロン約10品、焼き菓子約25品、パート・ド・フリュイなどのコンフィズリー約10品、ヴィエノワズリー約15品をそろえ、週末にはハード系のパンも用意。プチガトーは、フランス菓子が基本で、食用花やフルーツでデコレーションしたものなど、華麗に仕立ても特徴だ。「いつも新しさを感じてもらいたい」と、プチガトーは3分の1のアイテムを毎月入れ替えているという。

　素材へのこだわりも強く、生クリームは15種類、牛乳は6種類、バターは10種類ほどを仕入れ、菓子によって使い分けている。また、卵は毎日配送される新鮮なものを、フルーツはねかせて完熟になったかどうか状態をきちんと見極めて使うなど、細部にまで気を配りながら仕立てている。

東京都江戸川区篠崎町 1-7-23-1
☎ 03-6638-6751
🕙 10時30分〜19時30分
🈡 水曜、第3火曜（祝日の場合は営業）

都営新宿線篠崎駅から徒歩10分

fraoula
フラウラ（東京・代々木八幡）

オーナーシェフ **桜井修一**さん

厳選素材と技術を武器に、"シンプルなおいしさ"を追求

　「フラウラ」は、オーナーシェフの桜井修一さんが2003年に東京・世田谷にオープン。14年8月に現在地に移転し、代々木公園からほど近い住宅街に立地する。全面ガラス張りのスタイリッシュな空間には、コンパクトでモダンなウエイティング用の椅子が配され、落ち着いた雰囲気を醸し出している。商品は、生菓子約15品を主力に、焼き菓子とヴィエノワズリーを各数品ずつラインアップし、すべてを対面販売する。

　桜井さんがつくる菓子は、長い経験を経て、徐々にシンプルになったという。「複雑で、頭で考えてしまう菓子ではなく、口に入れた瞬間に感じられる"シンプルなおいしさ"」（桜井さん）を追求。パーツの多い設計にするのではなく、素材を厳選し、それぞれを印象深い味わいに仕立てた少ないパーツでまとめ上げる。

　スペシャリテは「エミスフェール」。ピスタチオのペーストをたっぷりと使った濃厚でまろやかなババロワの中に、ドライの白イチジクの赤ワイン煮でつくったムースと、チョコレートのマカロンをしのばせた仕立ての1品で、食べ手に驚きも与える。こうしたシンプルかつオリジナリティのある菓子にファンも多く、近隣住民などの新たな支持も獲得中だ。

東京都渋谷区富ヶ谷1-4-6
☎ 03-6407-0304
営 10時〜17時
休 火曜

東京メトロ千代田線代々木公園駅から徒歩1分

Pâtisserie
Brise
パティスリー ブリーズ（東京・昭島）
オーナーシェフ 高橋教導さん

地域のニーズにこたえ、親しみやすい定番菓子を充実

　木のぬくもりにあふれたインテリアが印象的な「パティスリー ブリーズ」は、2010年4月に開業。オーナーシェフの高橋教導さんは、フランス菓子やオーストリア菓子の名店で修業を積み、「ラ ブティック ドゥ ジョエル・ロブション」シェフを経て独立した。

　商品コンセプトは、「子どもからお年寄りまで幅広い世代に喜ばれる菓子」。東京・昭島という郊外立地に合わせて、ショートケーキやロールケーキなどの日本的な洋菓子を中心としつつ、フランス菓子らしいタルトやミルフィーユ、オーストリア菓子の製法を生かした「クルミケーキ」や「リンツアー」などもそろえる。

　アイテム数は、プチガトー25品、アントルメ6品、焼き菓子20〜25品で、そのうち定番商品が4〜5割を占める。日常的に買い求めやすいようにプチガトーの価格帯は170〜480円に設定し、とくに300円台の商品を充実させている。また、酒をあまり使わず、甘さも控えめ。土地柄、やわらかいケーキを好むお客が多いため、「季節のクレープ包み」などムースやクリームを使った商品が多いのも特徴だ。そうしたお客のリクエストにこたえようという姿勢で、高橋さんは新商品開発にも積極的に取り組んでいる。

東京都昭島市昭和町1-5-8
ウェルネス昭島1F
☎ 042-519-1325
営 10時〜19時
休 水曜

JP青梅線昭島駅から徒歩15分

Pâtisserie Maison Douce

パティスリー メゾンドゥース（東京・南大沢）

オーナーシェフ　伊藤文明さん

進化し続ける定番菓子。ガレット・デ・ロワも評判

　2013年8月に開業した「メゾンドゥース」は、南大沢駅から徒歩15分の緑と住宅に囲まれた場所に立地。ペパーミントグリーンの看板が目印だ。オーナーシェフの伊藤文明さんがめざすのは、「地元密着型の長く愛される店」。プチガトー25品の7割を占めるのは定番商品で、那須御養卵を使う「ガトーフレーズ」、メープルシロップを隠し味にしたジャム瓶入りの「南大沢プリン」、クリームチーズのクリームとレモンクリームを重ねた「フロマージュクリュ」などが通年で人気だ。看板商品の一つ「メゾンロール」は、薄力粉と強力粉を合わせた、ボディがありつつもふんわりとした生地で、乳脂肪分47％のこくのある生クリームをたっぷりとくるんだ1品。「シンプルな菓子こそ素材へのこだわりや製法の工夫が必要」（伊藤さん）と、年に一度は生地の配合を見直し、自分が今おいしいと思う菓子に進化させている。

　ファミリー層の多い土地柄、アントルメのラインアップも充実。専用ショーケースに「ガトーフレーズ」、「ガトーショコラ」など約10品が並ぶ。また1月には、伊藤さんが国内のコンクールで優勝し、パリ大会でも入賞した「ガレット・デ・ロワ」が期間限定で登場。こちらも評判は上々だ。

東京都八王子市南大沢2-206-9
☎ 042-689-6221
営 10時〜19時
休 火曜

京王相模原線南大沢駅から徒歩9分

PÂTISSERIE
LA VIE UN RÊVE

パティスリー ラヴィアンレーヴ（東京・梅島）

オーナーシェフ　**北西大輔**さん

素材が際立つシンプルな構成で、"わかりやすさ"を演出

　梅島駅から徒歩5分ほどの場所に、2014年9月に開業した地元密着型のパティスリー。オーナーシェフは、都内の一流ホテルなどで経験を積み、東京・日本橋の「マンダリン・オリエンタル ホテル 東京」ではペストリースーシェフを務めた北西大輔さん。足立区梅島は住宅の多い庶民的なエリアであることから、「家族みんなで日常的に楽しく食べられる菓子」をコンセプトに掲げている。

　店内は、北西さんがパリ修業時代にホームステイをしていた家庭のインテリアをイメージし、白と濃い茶色を基調にデザイン。12席のカフェスペースも備える。

　商品は、ショートケーキやロールケーキ、プリンといった老若男女になじみのあるアイテムを中心としつつ、看板商品の「ショコラ スペシャリテ」や「タルト マロン ショコラ」などムースやババロワが主体の、フランス菓子をベースにしたオリジナル商品もラインアップ。いずれもシンプルな構成にして主役となる素材の味を際立たせることで、"わかりやすさ"を演出しているのが特徴だ。

　小さい子どもからお年寄りまで誰もが楽しめるように素材選びからこだわった北西さんの菓子は、どこかやさしい味わいで、ファミリー層からも評判を得ている。

東京都足立区梅島 3-6-16
☎ 03-6887-2579
⊕ 10時～20時
㊡ 不定休

東武スカイツリーライン梅島駅から徒歩5分

PÂTISSERIE RYOCO

パティスリー リョーコ（東京・高輪台）

オーナーシェフ **竹内良子**さん

良質な"日常使いのおやつ"を生む、フランス帰りのパティシエール

オーナーシェフの竹内良子さんは南仏の「ミッシェル・ブラン」、パリの「アルノー・ラエール」で修業したのち、2005年に東大阪市で独立開業。12年2月に東京・高輪台に移転オープンした。

プチガトーは、「ジャポネ」と名づけた独創的なショートケーキや、2種類のチョコレートをベースにコニャックをきかせた「ショコラ・モンブラン」、サクサクに焼き上げたパイ生地に濃厚なカスタードクリームと生クリームをたっぷりと挟んだ「ミルフィーユ・フリュイ」など約15品を提供する。

一方、焼き菓子も好評だ。「日常のおやつとして楽しんでほしい」と、常時6品用意するケーキは切り分けたタイプの詰合せが基本で、手ごろ感を訴求しつつ、厚さ1.6cmの満足感のあるサイズとしている。「適度に目が詰まった食べごたえのある生地」を理想とし、薄力粉「ドルチェ」（江別製粉）でモチッとした弾力を表現。配合は種類ごとに変えており、たとえば竹内さんが得意とするチョコレートを使った「ケーク・ショコラ」は、マジパンをベースにホワイトチョコレートを練り込むことでこくとしっとり感を補っている。そのほか、フィナンシェ、マカロン、チョコレート菓子なども、ちょっとした手土産に人気だ。

東京都港区高輪3-2-8
☎ 03-5422-6942
営 10時30分〜19時（売り切れ次第閉店）
休 水・木曜

都営浅草線高輪台駅から徒歩5分

LE GARUE M

ル ガリュウ M（東京・大森）

オーナーシェフ　丸山正勝さん

伝統菓子にモダンな要素を取り入れた菓子づくりを実践

　2005年にオープンした「ル ガリュウ M」は、大森駅から徒歩10分、住宅街からほど近い大通り沿いに立地する。2階まで吹き抜けになった解放感のある売り場には、プチガトー25品やアントルメ10品のほか、焼き菓子やヴィエノワズリーなどのアイテムがずらり。2階には15席のカフェスペースを設けている。

　オーナーシェフの丸山正勝さんは、パリの「エルグアッシュ」で修業。東京・新宿の「トロワグロ」では、統括シェフも務めた実力派だ。内装は"モダンアンティーク"がコンセプト。壁はコンクリートの打ちっ放しで、無機質な空間に木製家具やアンティークのオブジェを配して、クラシックな雰囲気をプラスしている。「伝統菓子にモダンな要素を取り入れた菓子づくりを実践したい」という丸山さんの思いが、内装にも反映された格好だ。

　菓子はどれも独創的で繊細。たとえば「キャラメル ショコラ サレ」は、ムース・ショコラ、数種類のスパイスが香るビスキィ・ア・ラ・キュイエール、ムース・キャラメルを重ねた仕立てで、ココナッツファインをまぶして味と食感に変化を加えている。仕上げにふるベトナム産「カランホアの塩」が心地よい余韻を残す1品だ。

東京都大田区山王 1-32-6
☎ 03-3774-3164
営10時〜19時30分
休水曜

JR京浜東北線大森駅から徒歩10分

PÂTISSERIE
Acacier

パティスリー アカシエ（埼玉県・浦和）

オーナーシェフ **興野 燈**さん

フランス菓子の伝統を守りつつ、美しさも表現されたガトー

　バラ風味のサントノレ「アントワネット」は2007年のオープン当時からの「パティスリー アカシエ」を代表する生菓子だ。生菓子は常時約20品をそろえ、なかには「アントワネット」に負けず劣らずの美しいアイテムもある。バラ色のマカロンでできた「マカロン・フォレノワール」、全国から取り寄せるイチゴやマンゴー、モモなどの旬のフルーツを使ったタルト、カモミールの香りただようチーズケーキ「エクスキ」も人気商品の一つだ。ミルフィーユやエクレール・カフェなど、クラシックなフランス菓子も魅力的だ。

　オーナーシェフの興野燈さんは、フランス古典菓子の研究にも熱心で、昔のレシピに忠実につくったバタークリームのケーキ「デリス・マカダミア」も自信作。また、12月末から1月にかけて登場する「ガレット・デ・ロワ」にもファンが多い。古書を紐解き、伝統的なパート・フイユテに、スペイン産のアーモンドを使ったクレーム・ダマンドを包んだ1品で、等間隔に細かい切り込みを入れたデザインにも技術が光る。

　ボストック、クイニーアマン、ファーブルトンなどのフランス地方菓子もそろう同店。浦和駅から徒歩15分の立地ながら、多彩な魅力がお客を強く引きつけている。

埼玉県さいたま市浦和区仲町 4-1-12
プリマベーラ 1F
☎ 048-877-7021
営 10時～19時
休 水曜

JR京浜東北線浦和駅から徒歩15分

PATISSERIE FRANCAISE
Un Petit Paquet

パティスリー アン・プチ・パケ（横浜・あざみ野）

オーナーシェフ 及川太平さん

インスピレーションが生む、ベテランパティシエの味

　製菓のワールドカップ、クープ・デュ・モンドの1995年、97年大会に出場し、フランスのパティシエ、ショコラティエたちで組織される協会、ルレ・デセールの会員でもある、「アン・プチ・パケ」オーナーシェフの及川太平さんは、日本のフランス菓子界を牽引してきた1人だ。98年にオープンした同店は、横浜・あざみ野の住宅街で長く親しまれている。プチガトーは約25品、焼き菓子は約30品、そしてヴィエノワズリーにコンフィズリーと、店内は多彩な菓子であふれている。

　プチガトーは定番が1割程度で、ほかは「インスピレーションのままつくりたい菓子をつくる」と及川さんは言い、頻繁に新作が登場する。新しい素材も積極的に取り入れているそうだ。代表的な定番商品を紹介すると、「アン・プチ・パケ」は、バターの風味豊かな、外はサクッ、中はしっとりきめ細かな生地のシンプルな菓子。同店流チーズケーキ「ノルマンディー」は、エダムチーズ入りのチーズムースが個性的だ。ピンクとオレンジの色合いが鮮やかな「ラルク・アン・シェル」は、ピスタチオのマジパン、ラズベリーのバタークリーム、アプコットのジャムを層にした1品。秋には自家製栗の渋皮煮を使った菓子もお目見えする。

神奈川県横浜市青葉区みすずが丘 19-1
☎ 045-973-9704
営 10時〜19時（土・日曜、祝日は〜20時）
休 水曜

東急田園都市線江田駅から徒歩15分

Au petit matin
オ・プティ・マタン（横浜・金沢文庫）

オーナーシェフ　武井晴峰さん

絞りたてモンブラン、できたてティラミスがベストセラー

　横浜のレイディアントシティに2007年12月にオープンした「オ・プティ・マタン」。フランス料理店「シェ・イノ」や「ミクニマルノウチ」、フランスでの修業も積んだオーナーシェフ・武井晴峰さんがつくるのは、フランス伝統菓子をベースにしたシンプルな菓子だ。生菓子と焼き菓子は各約20品を用意し、オープンテラスにもなるカフェスペースでは、「ピザ」などランチメニューも楽しめる。

　看板商品の「オ・プティ・マタン」は、フイヤンティーヌやプラリネを混ぜたミルクチョコレートをビスキュイでサンドし、その上にキャラメルのムースを重ねた、甘み、苦み、食感を楽しめる1品。また、春夏はコーヒーをしみ込ませたジェノワーズとマスカルポーネチーズのクリームを層にし、サクサクのメレンゲをのせてホイップクリームを絞る「ティラミス」、秋冬は「モンブラン」がとくに人気で、いずれも注文を受けてから仕上げて提供する。レストラン・パティシエの経験のある武井さんは、「極力、つくりたてのケーキを出したい」と話す。

　焼き菓子の一番人気は、「フィナンシェ マロン」。熊本県の契約農家から届く渋皮煮の栗が丸ごと1個入った商品で、お取り寄せのアイテムとしても好評だ。

神奈川県横浜市金沢区大川7-4-102
レイディアントシティ横濱
☎ 045-786-0558
🕙 10時～20時（ランチは11時～14時L.O.）
㊡ 水・木曜

京急本線金沢文庫駅から徒歩25分

Shinfula

シンフラ（埼玉・志木）

オーナーシェフ　中野慎太郎さん

レストラン出身のパティシエが
つくる、デザートのようなケーキ

　志木駅から車で3分の閑静な住宅街に建つ「シンフラ」は、2013年11月に開業。店内は白で統一し、ショーケースに並ぶ彩り豊かなプチガトーがキラキラと輝いている。オーナーシェフの中野慎太郎さんは東京・南青山のレストラン「クレアシオン・ド・ナリサワ」（現NARISAWA）でシェフパティシエを務めた経験から、「色彩、香り、プレゼンテーションのすべてに驚きやストーリー性を盛り込む、レストランのデザートのような表現方法をプチガトーに取り入れています」と話す。「フロマージュ アス」はフランス料理の後半に登場するチーズワゴンをイメージし、ベイクド、スフレ、レアの3種類のチーズケーキを一つの菓子で表現した代表作だ。

　商品は、プチガトー約20品、焼き菓子12品、ホワイトオークチップで燻製した「燻製マカロン3C」をはじめとするマカロン10品など。和の素材を使った「桜のエクレア」や「抹茶"濃茶"」といった季節商品も用意し、店内では季節・数量限定の「和栗のモンブランパフェ」なども提供する。

　また、フランス語で"子どもたち"を意味する「レゾンファン」と名づけた、無農薬のフルーツや米粉などを使用した子どもが安心して楽しめる菓子もそろえている。

埼玉県志木市幸町 3-4-50
☎ 048-485-9841
㊀11時〜19時
㊡月曜、不定休

東武東上線志木駅から徒歩15分

PUISSANCE

ピュイサンス(横浜・青葉台)

オーナーシェフ 井上佳哉さん

タルトやヴィエノワズリーなど
伝統的な焼き菓子も充実

横浜・青葉台に2001年にオープンし、12年に近くの場所に移転した「ピュイサンス」。

オーナーシェフの井上佳哉さんは、東京・尾山台の「オーボン ヴュータン」の河田勝彦さんのもとで修業。自身の店では、そこで影響を受けたという、焼き菓子を含むフランス伝統菓子を多数そろえている。アーモンドベースのアパレイユとアプリコットのコンポートを入れた「ミルリトン」、パート・フィロをのせたリンゴとアプリコットのタルト「タルト カプリス」、カヌレなどのほか、クレーム・ダマンドをフイユタージュで包み、パート・ダマンドでおおったヴィエノワズリー「パン コンプレ」といった他店ではあまり見られない商品も用意する。「めざすのはヨーロッパの田舎にあるような風格のある菓子店。そのためには、こうした焼き菓子は欠かせません」と井上さん。

約25品ある生菓子では、ラズベリー入りの「ミルフィーユ」や、ヘーゼルナッツとキャラメルのこうばしい風味が魅力の「ピュイサンス」などが人気。店内のカウンターでラバッツァのコーヒーとともに楽しむこともできる。チョコレート菓子にコンフィズリー、トレトゥールなどもあり、フランス菓子好きにはたまらない空間だ。

神奈川県横浜市青葉区みたけ台31-29
☎ 045-971-3770
⑱ 10時〜18時
㈱ 木曜、第3水曜、不定休

東急田園都市線青葉台駅から徒歩18分

ベルグの4月
(横浜・たまプラーザ)

シェフパティシエ　山内敦生さん

アントルメ・グラッセの先駆け。店内製造のフレッシュなアイス

　1988年、横浜・たまプラーザで山本次夫さんが創業した「ベルグの4月」は、現在は、山本さんのもとで約10年修業した、山内敦生さんがシェフパティシエを引き継ぎ、変わらず地元の人に愛されている。プチガトーは常時25〜30品がそろい、「苺のミルフィーユ」、アメリカンチェリー入りの「黒い森のヴェリーヌ」、国産栗の渋皮煮を入れた「マロンパイ」などの季節商品もあれば、「ヴェリーヌ・ババ」や真っ赤なリンゴの形をした「ポメリー」のように通年楽しめる商品もある。

　アントルメ・グラッセ（アイスクリームのホールケーキ）も、同店を象徴する商品だ。アイスクリームでできているとは思えない、生菓子さながらの顔をしたアントルメ・グラッセは、常時15品と種類も豊富。パーツとなるアイスクリームはもちろん店内で製造している。「ストロベリー ショートケーキ」は、ジェノワーズでイチゴバニラアイスをサンドし、ミルクシャーベットを絞って、イチゴをトッピング。「サントノーレ」は、フィユタージュの上にマカダミアナッツ入りバニラアイスを絞り、塩キャラメルのアイス入りシューを飾った商品だ。アントルメ・グラッセの先駆けらしい多彩なアイデアが詰まっている。

神奈川県横浜市青葉区美しが丘2-19-5
☎ 045-901-1145
営 9時30分〜19時
休 無休（1月1日、他2回を除く）
東急田園都市線たまプラーザ駅から徒歩7分

MAISON BON GÔUT

メゾンボングゥ（神奈川・茅ヶ崎）

オーナーシェフ　伊藤雪子さん

ヴィエノワズリーも美味しい
湘南の小さなパティスリー

　茅ヶ崎駅から車で5分ほどの、海岸近くにある「メゾンボングゥ」は2013年にオープン。南フランスの街並みを思わせる、レンガとグリーンに彩られたかわいらしい店舗だ。オーナーは伊藤雪子さん、直樹さん夫妻。小さな売り場に生菓子、焼き菓子、ヴィエノワズリー、チョコレート、コンフィズリーなど約130品もの商品が並ぶ。

　雪子さんは「ノリエット」やフランス・アルザス地方の「メゾン・フェルベール」での経験もあり、パンやコンフィチュールは逸品ぞろい。とくにヴィエノワズリーは、フルーツのコンポートをはじめ自家製のフィリングを使うなど、独自の味づくりが好評だ。発酵バター入りクロワッサン生地にグリオットチェリーのコンフィとクレーム・ピスターシュを巻き込んだ「グリオット ピスターシュ」などの甘いものや、自家製ホワイトソースで和えたキノコを包んだ「シャンピニオン」などの塩味のものを合わせ、約20品を用意する。

　一方、生菓子は見た目の華やかさも魅力だ。フルーツが山盛りの「タルト フリュイ」や鮮やかなレモン色の「デリスシトロン」はその一例。逆に見た目はシンプルでありながら、中にイチゴが隠れているチーズケーキなどもあり、目でも舌でも楽しませてくれる。

神奈川県茅ヶ崎市松ヶ丘1-10-1
☎ 0467-53-9215
営 10時～19時（日曜は～18時）
休 月曜、第1・3火曜

JR東海道線茅ヶ崎駅から徒歩20分

Agreable
アグレアーブル(京都・丸太町)

オーナーシェフ **加藤晃生**さん

季節感あふれるフランス菓子。充実のコンフィチュールも魅力

　烏丸駅から徒歩5分の、京都御苑にほど近い場所に立地する「アグレアーブル」は、人気パティスリーなども多い洋菓子激戦区にある注目店の一つだ。オーナーシェフの加藤晃生さんは京都の和菓子店に生まれたが、「アンリ・シャルパンティエ」を経て渡仏し、パリの「ラ・ヴィエイユ・フランス」や「ジェラール・ミュロ」、「ラ・クーロンヌ」などで修業。2013年4月、生まれ育った京都で独立開業を果たした。

　「パリの街角にあるような店をめざしました」と加藤さん。生菓子は、オペラやミルフィーユ、サントノレやムラング・シャンティイなど、クラシックなフランス菓子を中心に約15品をラインアップ。「フランス菓子の魅力を発信したい。オリジナル商品も、基本はフランス菓子をベースに考えています。」と話す。

　また、季節感のある商品づくりにも力を入れている。「季節を重視する和菓子文化が根づく京都だからこそ、洋菓子でも季節感を大切にしたい。和菓子と同様、旬の素材はもちろん、見た目でも季節を感じられる商品を組み入れています」と語る。季節感を最大限表現できるアイテムとして充実させているのがコンフィチュールで、15〜20品をそろえている。

京都府京都市中京区夷川通高倉東入ル
天守町 757 ZEST-24 1F
☎ 075-231-9005
営 10時〜20時
休 不定休

地下鉄烏丸線丸太町駅から徒歩5分

ASSEMBLAGES KAKIMOTO

アッサンブラージュ カキモト（京都・神宮丸太町）

オーナーシェフ **垣本晃宏**さん

菓子、デセール、料理。
3つの顔を持つ新スタイルを確立

2014年のワールド チョコレートマスターズに日本代表として出場し、4位入賞を果たすなど、"チョコレート使い"において世界的に高い評価を得ている垣本晃宏さん。「サロン ド ロワイヤル 京都」でシェフパティシエを務めたのち、2016年4月、京都御苑にほど近い住宅街に、築160年の町屋をリノベーションして「アッサンブラージュ カキモト」をオープンした。

シンプルでスタイリッシュな見た目ながら、多彩な味と食感を一つのプチガトーに組み込むのが、デセールも得意とする垣本さんの真骨頂。「素材の組合せは3つ以上が基本。個々の素材をしっかりと感じられて、かつハーモニーを生む仕立てを心がけています」と垣本さん。また、特注の円形のギターを使った三角形に近い扇形のボンボン・ショコラは、大葉、木の芽など"和のハーブ"を生かした個性的なフレーバーも用意する。

カウンター席では、日中はデセールやドリンク（アルコールを含む）、夜はコース料理（要予約）を楽しむことができる。料理は13皿程度で構成するコース1本勝負。ジャンルにはこだわらず、素材を見てメニューを決めるが、「フルーツを合わせた料理」というのがテーマの一つになっている。

京都府京都市中京区竹屋町通寺町西入ル松本町 587-5
☎ 075-202-1351
☕ 喫茶・物販 12時〜19時（18時 L.O.）
　　ディナー（要予約）18時〜23時（21時 L.O.）
㊡ 火曜、第2・4水曜 不定休

京阪鴨東線神宮丸太町駅から徒歩8分

Pâtisserie
Grand fleuve
パティスリー グラン フルーヴ（大阪・南堀江）

オーナー **石村文雄**さん、**大川桂二**さん

つくりたて・新鮮素材を徹底
時代に合わせ仕立てる日常菓子

　大阪・心斎橋に隣接する南堀江のブティックやカフェが連なる繁華街の一角に、2013年1月に開業した「パティスリー グラン フルーヴ」。同店は、大手パティスリーで商品開発に携わっていた大川桂二さんと同社生産部に在籍していた石村文雄さんが、「お客さまの声を直に聞き、すぐ商品に反映したい」と共同で開いた店だ。

　菓子づくりで、もっとも重視するのは鮮度という。「すべて当日に売り切り、こまめに製造してつくり置きしないことがモットーです。商品コンセプトは、昔から日本人に親しまれている菓子を今の時代に合わせた菓子に」と大川さん。

　現在、商品はプチガトー30品、アントルメ8品、焼き菓子55品を用意。「手ごろな菓子を生活の一部として楽しんでほしい」という考えから、中心価格帯を抑え、日常のおやつ菓子として楽しんでもらえるチーズケーキや、「色彩を表現しやすく、店の個性を表現しやすい」というムース系を看板商品として育てていく意向だ。

　また、「チョコレートやトレトゥール、ヴィエノワズリーなどアイテムの幅も広げたい」と石村さん。「多彩なアイテムで選ぶ楽しみを広げ、この街に滞在する理由の一つになるような魅力ある店となり、街に貢献したい」と語る。

大阪府大阪市西区南堀江1-16-3
☎ 06-6585-7093
⚲ 11時〜22時30分
㊡ 水曜

地下鉄四つ橋線四ツ橋駅から徒歩5分

Pâtisserie Crochet

パティスリー クロシェ（大阪・福島区）

オーナーシェフ 玉腰智也さん

大切にしたいのは"ライブ感"。
お客との距離が近い店をめざす

　2013年11月、大阪・福島駅近くにオープンした「パティスリー クロシェ」。オーナーシェフの玉腰智也さんは、「メランジュ」や「ショコラティエ パレ ド オール 大阪」などで修業後、フランス料理店「ル ポン ド シェル」などでも腕を磨いた。

　フランス料理店でデセールを担当していたころ、「つくりたてのデセールをお客さまが私の目の前でめし上がる。自分のデセールに対しての率直な評価を知ることができ、とてもやりがいを感じました」と玉腰さん。これを機にライブ感のあるパティスリーを開くことを意識するようになり、のちの独立開業につながった。

　ショーケースには、サントノレなどのフランス伝統菓子や、プリン、シュークリーム、ショートケーキといった日本的な洋菓子がバランスよく並ぶ。土地柄、客層が広く、多様なニーズを想定して商品をそろえているそうだ。なかでも、夕方になると、とぶように売れていくのがアントルメ。「家族客がバースデーケーキを購入するだけでなく、周辺の飲食店からの注文も想像以上に多く、日に日に増えています」と玉腰さんは語る。今後はこれまでの経験を生かし、チョコレート菓子のバリエーションをさらに広げていく予定だ。

大阪府大阪市福島区福島7-4-9
プレステル福島 1F
☎ 06-6454-4660
営 10時〜20時
休 火曜（祝日の場合は営業、翌水曜休）

大阪環状線福島駅から徒歩4分

Seiichiro, NISHIZONO

セイイチロウ・ニシゾノ（大阪・肥後橋）

オーナーシェフ　西園誠一郎さん

オリジナリティあふれる、自分流を貫く店＆菓子づくり

　オーナーシェフの西園誠一郎さんは、「御影高杉」で修業後、「ロワン スタージュ」のシェフを経て2014年11月に「セイイチロウ・ニシゾノ」を開業。店を"自分の菓子を表現する活動の拠点"と定め、製菓学校講師、企業の商品開発などプロデュース業でも幅広く活躍。自身の監修したスイーツの韓国、タイなどへのアジア進出も手がけ、菓子を入口に、日本の食のアジア展開にも注力している。

　菓子のコンセプトは、「記憶に残る香り」。香りそのものを訴えるだけではなく、素材に花を入れたり、色使いを工夫したりと視覚から香りを連想させる仕かけも施す。多彩な香り、色彩のコントラスト、印象的な風味、とさまざまな角度からのアプローチで、オリジナリティあふれる記憶に残るフランス菓子を発信している。

　また土地柄、ビジネス利用も多く、ギフト需要も高いため、今後は焼き菓子やチョコレート菓子なども増やしていく予定だ。とくにコンフィズリーのスペシャリテであるヌガーは、さらに品数を増やし、ヌガーだけのギフトBOXの販売も計画しているそうだ。

　固定観念を打破し、今までにはない"自分流のパティシエスタイル"の確立をめざす西園さんに、業界内からも注目が集まっている。

大阪府大阪市西区京町堀1-12-25
☎06-6136-7771
営11時～20時
休火・水曜

地下鉄四つ橋線肥後橋駅から徒歩5分

W.Bolero

ドゥブルベ・ボレロ守山本店（滋賀・守山）

オーナーシェフ　渡邊雄二さん

欧州の多彩な郷土菓子を
素材の力と技でアップデート

　滋賀・守山の人気パティスリー「ドゥブルベ・ボレロ」。オーナーシェフの渡邊雄二さんは、神奈川・鎌倉の「レ・ザンジュ」などで修業を積み、独立開業。年に1～2度渡欧し、欧州のリアルな菓子文化を探究し続けている。

　「日本にいながら、いかにしてフランスのトップシェフに勝るとも劣らない菓子をつくるか」が菓子づくりのテーマと渡邊さん。"フランスと変わらぬ良質な味わい"を追い続け、素材選びにおいては、「とりわけ伝統菓子の場合、まず、本場の地理、環境、産物、歴史をきちんと知ることが大切」と話す。それは、「本場と同質の素材が手に入らないケースはよくある。そのとき、"質の違い"を明確に理解できていなければ、配合の足し算・引き算や製法の工夫など、品質の差を埋める的確な施策が打てない」からだという。

　2004年の創業から10年目となる13年9月には、大阪・本町のオフィス街に満を持して2号店を開業。土地柄、企業などの手土産利用を想定し、焼き菓子やチョコレートなどギフト向きのアイテムを充実させているのが特徴だ。「焼菓子は、生菓子で実績を積み、お客さまの信頼を得てやっと売れるようになるもの。焼き菓子は店の暖簾です」と渡邊さんは語る。

滋賀県守山市播磨田町48-4
☎ 077-581-3966
営 11時～20時
休 火曜

JR東海道本線守山駅から徒歩30分以上

ママのえらんだ元町ケーキ
元町本店
(兵庫・神戸)

オーナーシェフ **大西達也**さん

3代続く伝統の味を守りながら
品質向上のための工夫を重ねる

「ママのえらんだ元町ケーキ」が神戸・花隈の現在の場所にできたのは1946年。2006年に大西達也さんが3代目オーナーシェフに就任し、08年には店舗を改装した。店名にもあるとおり、母親が子どもに安心して食べさせられる菓子を、という先代の理念のもと、現在も厳選素材を使った安全・安心の菓子づくりを実践。一方で大西さんは14年のシャルル・プルースト・コンクールで優勝するなど、さらに腕に磨きをかけている。

常時約25品ある生菓子のなかで、1日1000個を売るという圧倒的な人気を誇るのが「ざくろ」。卵の風味を引き立たせたジェノワーズ、乳脂肪分の異なる3種類の生クリームをブレンドして上品な甘みとこくを表現したホイップクリーム、季節によって品種を変えるイチゴの組合せだ。「これは、先代が約40年前に和菓子の包あんを見て考案した商品です。伝統のレシピは変えていませんが、小麦粉を粒子の細かいものに変更。しっとりふんわりの食感はそのままに、より口溶けのよい生地に仕上げています」と大西さん。

素材や製法を見直しつつ、伝統の味と形を守り続ける同店。リーズナブルな価格も相まって客層は幅広く、常連客に加え、新規のファンも獲得し続けている。

兵庫県神戸市中央区元町通 5-5-1
☎ 078-341-6983
営 8時30〜19時
休 不定休

神戸高速線花隈駅から徒歩2分

Pâtisserie
Ravi,e relier
パティスリー ラヴィルリエ(大阪・天満)

オーナーシェフ　服部勧央さん

移転拡張でパワーアップ。
マカロンと焼き菓子も主力

　オーナーシェフの服部勧央さんは、東京などのレストランやパティスリーで修業し、2009年11月に「パティスリー ラヴィルリエ」をオープン。12年12月には徒歩5分ほどの場所に移転し、売り場は約2倍、厨房は約3倍となり、客数も倍増した。さらに、16年5月には旧店舗跡地にワインバー「オ・コントワール・ド・ローキデ」をオープンしている。

　同店の人気に火をつけたのがマカロン。移転を機に、試行錯誤してレシピ調整をし、さらに魅力的なマカロンにバージョンアップさせている。フレーバーごとに配合を少しずつ変える生地は、表面の薄い部分はサクッとほどよい歯ごたえで、中はしっとりとした食感。ガルニチュールにも独自の工夫を施し、フルーツの味わいや香りをしっかりと強調。生地に負けない存在感を打ち出している。

　オープン当初から焼き菓子の売れ行きもよく、なかでも「スペシャリテ」とPOPに表記していた「フィナンシェ」が評判で、マカロンと並んで店の看板的な存在になっている。それにともない、焼き菓子を中心とした詰合せのギフトも人気に。焼き菓子は毎日こまめに焼いて補充。焼きたての風味を生かすために脱酸素剤などは入れないのもおいしさのカギだ。

大阪府大阪市北区山崎町5-13
☎06-6313-3688
㊟11時～20時
㊡火・水曜、不定休

地下鉄谷町線中崎町駅から徒歩5分

L'AVENUE

ラヴニュー（兵庫・神戸）

オーナーシェフ　平井茂雄さん

オリジナルのクーベルチュールで独自の味わいを表現

　異人館が立ち並ぶ神戸・北野に2012年2月にオープンした「ラヴニュー」。オーナーシェフの平井茂雄さんは神戸で修業後、フランスで2年間研鑽を積み、「グランドハイアット 東京」に入社。11年にシェフパティシエに就任した。また、09年にはワールドチョコレート マスターズで優勝するなど、国内外のコンクールでの多数の受賞歴も有する。

　独立開業後も、フランス菓子をベースにしながら素材の組合せでオリジナリティを表現した商品を提供。なかでも、11年からカカオバリー社の大使も務める平井さんにとって思い入れの強い、同店オリジナルのクーベルチュールを使った商品は必見だ。「私にとってチョコレートは、バターや生クリームといった基本の素材と同じ。フルーツやナッツなど、ほかの素材との組合せによって魅力が無限に広がる幅の広い素材だと捉えています」と平井さん。

　生菓子は複雑な構成のものが多いが、主役の味をしっかり打ち出すことを意識し、「パーツは多くても味の要素はシンプル。軸になる味は3つ以下」だという。一方、ボンボン・ショコラも手の込んだ商品が多いが、多様な風味をバランスよく組み込み、統一感のある味わいを追求している。

兵庫県神戸市中央区山本通 3-7-3
ユートピア・トーア 1F
☎ 078-252-0766
㊝10時30分〜19時
　（日曜、祝日は〜18時）
㊡水曜、火曜不定休

阪神・JR神戸線元町駅から徒歩8分

L'atelier de Massa

パティスリー ラトリエ ドゥ マッサ（兵庫・岡本）

オーナーシェフ　上田真嗣さん

フランス菓子のエッセンスを取り入れた日常の身近なおやつ

　神戸・岡本に2011年3月にオープンした「パティスリー ラトリエ ドゥ マッサ」。オーナーシェフの上田真嗣さんは大学卒業後、東京・青山の「ルコント」で修業し、渡仏。「セバスチャン・ブイエ」、「ラデュレ」などで研鑽を積んだ人物だ。

　提供する生菓子は30〜40品。住宅街の小学校の目の前に立地することから、ファミリー層が多いことを見込み、フランス菓子とロールケーキやショートケーキなどの日本的な洋菓子を同割で並べている。日本的な洋菓子にも上田さんがフランス修業で培った技術を組み入れつつ、基本的にはシンプルな構成でわかりやすい味わいに。リキュールではなく果汁で香りを強調したり、子どもも親しみやすいデザインに仕上げたりと、細やかで遊び心のある工夫で、地元客の日常のおやつとして人気を得ている。また、自分が理想とする味を表現するために素材にもこだわり、メリハリがあって満足度も高く、飽きのこない味わいをめざしている。

　そんな商品のイメージに合わせて、店内はオレンジを基調とした明るくやわらかい色彩の落ち着いた空間に。インテリアも上品な雰囲気のロココ調で統一。菓子と店内の雰囲気が違和感なくまとまり、同店の魅力を引き立てている。

兵庫県神戸市東灘区岡本4-4-7
☎ 078-413-5567
営 10時〜19時
休 火曜、不定休
阪急神戸線岡本駅から徒歩10分

Les gouters
レ・グーテ（大阪・肥後橋）

オーナーシェフ　澤井志朗さん

ハレの日を演出する、ワクワクさせる店づくり

　オーナーシェフの澤井志朗さんは、東京の「サロン・ド・ペリニィヨン」で約7年間シェフを務めたのち、2010年9月、出身地の大阪に「レ・グーテ」を開業した。店舗は肥後橋駅から徒歩10分の場所に立地し、赤い看板が目をひく。「菓子はハレの日のもの。だからこそ、来てくださったお客さまにはワクワクしていただきたい」（澤井さん）と、売り場はカラフルなフロアタイルを敷いたり、星形の照明を配したりして、楽しい雰囲気を演出している。

　生菓子は、主役の素材が明確なものが多く、和栗を使って中にも渋皮栗をしのばせた「モンブラン」や北海道産クリームチーズを使ったスフレチーズケーキ「フフレ」などの定番商品のほか、季節ごとに旬のフルーツをたっぷりと使ったアイテムなどを用意している。

　カステラ用の木枠で焼成し、しっとりと仕上げたケイク6種類も人気だ。「生地を味わってほしい」と、合わせる素材によって生地の材料や製法、最後に打つシロップを変えている。華やかなデコレーションのケイクもあり、贈答品としての需要も高い。またギフト用には、クレヨンの形を模したチョコレート菓子や、カラフルなメレンゲ菓子など、ポップで楽しいアイテムもそろう。

大阪府大阪市西区京町堀1-14-28
UTSUBO+2 1F
☎ 06-6147-2721
営 10時〜20時
休 月曜

地下鉄四つ橋線肥後橋駅から徒歩7分

Tokyo Patisserie Guide
INDEX
| 駅 名 順 |

関　東

| **青葉台** 東急田園都市線
168　ピュイサンス

| **赤坂** 東京メトロ千代田線
86　リベルターブル

| **赤坂見附** 東京メトロ
46　パティスリー＆カフェ
　　デリーモ 赤坂店

| **昭島** JR青梅線
159　パティスリー ブリーズ

| **池尻大橋** 東急田園都市線
80　ラトリエ モトゾー

| **梅島** 東武スカイツリーライン
161　パティスリー ラヴィアンレーヴ

| **浦和** JR京浜東北線
164　パティスリー アカシエ

| **江田** 東急田園都市線
165　パティスリー アン・プチ・パケ

| **恵比寿** 東京メトロ日比谷線
94　パティスリー レザネフォール

| **大船** JR東海道線
106　パティスリー カルヴァ

| **大森** JR京浜東北線
163　ル ガリュウ M

| **大山** 東武東上線
66　マテリエル

| **小川町** 都営新宿線
154　シュークリー 神田店

| **表参道** 東京メトロ
16　アン グラン

| **尾山台** 東急大井町線
34　オーボン ヴュータン

| **春日** 都営三田線
8　パティスリー
　　アヴランシュ・ゲネー

| **春日部** 東武伊勢崎線・野田線
104　オークウッド

| **金沢文庫** 京急本線
166　オ・プティ・マタン

| **金町** JR常磐線
84　パティスリー ラ・ローズ・
　　ジャポネ

| **川口** JR京浜東北線
108　パティスリー ショコラトリー
　　シャンドワゾー

| **北山田** 横浜市営地下鉄グリーンライン
114　スイーツガーデン ユウジアジキ

| **吉祥寺** JR中央線・京王井の頭線
155　パティシエ ジュン ホンマ

| **京橋** 東京メトロ銀座線
20　イデミ スギノ
48　トシ・ヨロイヅカ東京

	高円寺 JR中央線		**新百合ケ丘** 小田急線
82	パティスリー ラブリコチエ	102	パティスリー エチエンヌ
		116	リリエンベルグ
	小竹向原 東京メトロ有楽町線		
38	クリオロ		**水天宮前** 東京メトロ半蔵門線
		30	オクシタニアル
	さいたま新都心 JR京浜東北線		
100	アングランパ		**巣鴨** JR山手線
		74	パティスリー ヨシノリアサミ
	桜新町 東急田園都市線		
60	パティスリー ビガロー		**成城学園前** 小田急線
		42	成城アルプス
	三軒茶屋 東急田園都市線・世田谷線		
32	オクトーブル		**仙川** 京王線
		78	ラ カンドゥール
	志木 東武東上線		
167	シンフラ		**千石** 都営三田線
		50	パティスリー トレカルム
	篠崎 都営新宿線		
157	パティシエ ヒロ・ヤマモト		**代官山** 東急東横線
		152	ラ・パティスリー イル・プルー・シュル・ラ・セーヌ
	下高井戸 京王線		
52	パティスリー・ノリエット		**高輪台** 都営浅草線
		162	パティスリー リョーコ
	石神井公園 西武池袋線		
64	ブロンディール		**高幡不動** 京王線・動物園線
		62	パティスリー・ドゥ・シェフ・フジウ
	自由が丘 東急東横線・大井町線		
58	パリセヴェイユ		**竹芝** 新交通ゆりかもめ
70	モンサンクレール	22	ホテル インターコンチネンタル 東京ベイ／ザ・ショップ N.Y.ラウンジブティック
	白金高輪 都営三田線・東京メトロ南北線		
156	パッション ドゥ ローズ		**玉川学園前** 小田急線
		56	パティスリー パクタージュ
	新江古田 都営大江戸線		
96	ロートンヌ 中野店		

Tokyo Patisserie Guide

たまプラーザ 東急田園都市線
110 バボン パティスリー
169 ベルグの4月

茅ヶ崎 JR東海道線
170 メゾン ボン グゥ

千歳烏山 京王線
72 パティスリー ユウ ササゲ
76 ラ・ヴィエイユ・フランス

東陽町 東京メトロ東西線
26 パティスリー エクラデジュール

都庁前 都営地下鉄大江戸線
54 ハイアット リージェンシー 東京／
ペストリーショップ

虎ノ門 東京メトロ銀座線
18 アンダーズ 東京／
ペストリー ショップ

都立大学 東急東横線
40 パティスリー ジュンウジタ
44 タダシ ヤナギ
151 アディクト オ シュクル

中川 横浜市営地下鉄ブルーライン
112 パティスリー ポンデラルマ

中目黒 東急東横線
36 パティスリー カカオエット・パリ

流山おおたかの森 つくばエクスプレス線・東武野田線
118 レタンプリュス

西荻窪 JR中央線
12 アテスウェイ

西馬込 都営浅草線
68 メゾン・ド・プティ・フール

浜田山 京王井の頭線
24 パティスリー ヴォワザン

東北沢 小田急線
90 パティスリー ル・ポミエ

保谷 西武池袋線
14 アルカション

南大沢 京王相模原線
160 パティスリー メゾンドゥース

武蔵浦和 JR埼京線
98 パティスリー アプラノス

目白 JR山手線
28 パティスリー エーグルドゥース

有楽町 JR山手線
153 パティスリー・
サダハル・アオキ・パリ

用賀 東急田園都市線
88 リョウラ

代々木上原 小田急線・東京メトロ千代田線
10 アステリスク

代々木公園 東京メトロ千代田線
158 フラウラ

芦花公園 京王線
92 ルラシオン

関　西

芦屋 阪神本線	
130　エトネ	

池田 阪急宝塚線
124　パティスリー ア・テール

伊丹 JR福知山線
144　パティスリー ラクロワ

ウッディタウン中央 神戸電鉄
128　パティシエ エス コヤマ

大阪上本町 近鉄難波線
140　なかたに亭

岡本 阪急神戸線
180　パティスリー ラトリエ ドゥ マッサ

烏丸 阪急京都線
134　サロン・ド・テ オ・
　　　グルニエ・ドール

烏丸御池 地下鉄烏丸線・東西線
136　グラン・ヴァニーユ

桜川 阪神線
148　パティスリー ルシェルシェ

四条 地下鉄烏丸線
126　パティスリー エス

神宮丸太町 京阪鴨東線
172　アッサンブラージュ カキモト

天王寺 JR大阪環状線
132　エム-ブティック／
　　　大阪マリオット都ホテル

天満橋 地下鉄谷町線
122　アシッドラシーヌ

中崎町 地下鉄谷町線
178　パティスリー ラヴィルリエ

西大橋 地下鉄長堀鶴見緑地線
120　パティスリー アクイユ

花隈 神戸高速線
177　ママのえらんだ元町ケーキ

東花園 近鉄奈良線
146　パティスリー リエルグ

肥後橋 地下鉄四つ橋線
138　ショコラトリ・パティスリ ソリリテ
175　セイイチロウ・ニシゾノ
181　レ・グーテ

福島 大阪環状線
174　パティスリー クロシェ

丸太町 地下鉄烏丸線
171　アグレアーブル

みなと元町 地下鉄海岸線
142　パティスリー モンプリュ

元町 阪神・JR神戸線
179　ラヴニュー

守山 JR東海道本線
176　ドゥブルベ・ボレロ守山本店

四ツ橋 地下鉄四つ橋線
173　パティスリー グラン フルーヴ

トーキョー・パティスリー・ガイド

初版印刷　2017年7月10日
初版発行　2017年7月25日

編　者　Ⓒ	柴田書店
発　行　人	土肥大介
発　行　所	株式会社 柴田書店
	東京都文京区湯島3-26-9 イヤサカビル　〒113-8477
	営　業　部　03-5816-8282（注文・問合せ）
	書籍編集部　03-5816-8260
	URL　http://shibatashoten.co.jp/
印刷・製本	凸版印刷株式会社

本書収録内容の無断掲載・複写（コピー）・引用・データ配信等の行為は固く禁じます。
落丁、乱丁本はお取り替えいたします。

ISBN978-4-388-06261-4
Printed in Japan